FORSCHUNGSBERICHTE DES LANDES NORDRHEIN-WESTFALEN

Nr. 1708

Herausgegeben

im Auftrage des Ministerpräsidenten Dr. Franz Meyers

von Staatssekretär Professor Dr. h. c. Dr. E. h. Leo Brandt

DK 648.235.001.5

Dipl.-Ing. Herbert Schmidt

Wäschereiforschung Krefeld

Untersuchungen über das Durchlaufwaschen (Strömungswaschverfahren) in Trommelwaschmaschinen im Vergleich zum Ein- oder Mehrbadwaschverfahren

WESTDEUTSCHER VERLAG · KÖLN UND OPLADEN 1966

ISBN 978-3-663-06513-5 ISBN 978-3-663-07426-7 (eBook)
DOI 10.1007/978-3-663-07426-7

Verlags-Nr. 2011708

Gesamtherstellung: Westdeutscher Verlag

Inhalt

I. Allgemeine Betrachtungen

Das Waschen hat die Aufgabe, die den Textilien anhaftenden Schmutzteilchen zu lösen, in die Waschflotte zu überführen und mit dieser aus der Waschmaschine abzuführen. Nicht entfernbare Substanzen, z. B. Farbstoffe, werden gleichzeitig gebleicht.
Es gibt zwei Waschmethoden, nach denen dieser Vorgang ablaufen kann.

a) Ein- und Mehrbadwaschverfahren = diskontinuierliches Waschen

Das *Ein- oder Mehrbadwaschverfahren*, das im folgenden als *diskontinuierliches Waschen* bezeichnet werden soll, sieht vor, eine bestimmte Waschflottenmenge unter Bewegung von Wäsche und Flotte und Zufuhr von Wärme eine bestimmte Zeit auf die Wäsche einwirken zu lassen und dann die nicht von der Wäschefüllung festgehaltene freie Flotte abzulassen, wobei in der Flotte enthaltene Schmutzteilchen und Waschmittel ebenfalls aus der Maschine entfernt werden. Dieser Vorgang kann nun je nach Wäscheverschmutzung ein- oder mehrfach wiederholt werden. Man spricht hierbei von Ein- oder Mehrbadverfahren. Die Waschmittelzugabe erfolgt meist zu Beginn eines jeden Bades.
Die notwendige Wärmezufuhr geschieht meistens während des Bades, kann aber auch ganz oder teilweise vorweg erfolgen (Heißwasser).

b) Durchlaufverfahren (Strömungswaschverfahren) = kontinuierliches Waschen

Das *Durchlaufwaschen (Strömungswaschverfahren)*, das im folgenden als *kontinuierliches Waschen* bezeichnet werden soll, sieht einen kontinuierlich in die Waschmaschine zufließenden Frischwasserstrom vor. Ein über einen Überfluß abfließender, mit dem Waschmittel und Schmutz angereicherter Flottenstrom fließt ebenso kontinuierlich wieder aus der Maschine ab. Die Waschmittelzugabe erfolgt meist zu Beginn des Waschens, kann aber auch schrittweise oder sogar kontinuierlich erfolgen. Bei der Wärmezufuhr kann genauso wie beim diskontinuierlichen Waschen verfahren werden (s. Abb. 1, Temperatur–Zeit-Diagramm).
Das die Mechanik der Wäschedurcharbeitung mitbestimmende Arbeitsflottenverhältnis ist bei beiden Verfahren normalerweise gleich und liegt für Trommelwaschmaschinen optimal bei 3,5–4,5 kg. Das entsprechende Gesamtflottenverhältnis hat einen Wert von 4,0 bis 5,0 l/kg.

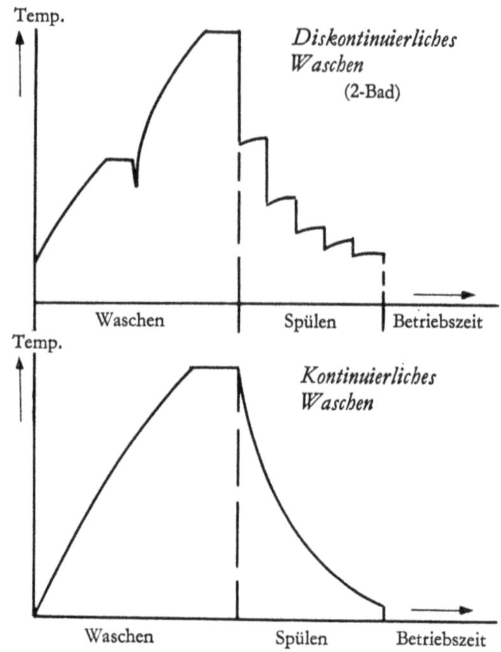

Abb. 1

In *steuerungstechnischer Hinsicht* (s. Abb. 2) unterscheiden sich beide Verfahren in folgendem:

Das *diskontinuierliche* Verfahren (Badwechselverfahren) benötigt einen Steuermechanismus, der bei jedem Badwechsel Zu- und Ablaufventil (-Pumpe) auch beim Spülen betätigt, die Heizung ein- und ausschaltet, den Antriebsmotor ein- und ausschaltet und die Waschmittelzugabe veranlaßt. Die Flottenhöhe wird durch Niveauschalter begrenzt, die Temperaturhöhe durch Thermostate.

Das *kontinuierliche* Verfahren sieht im einfachsten Fall folgende Steuerfunktion vor:

Wasserzulauf bis zum vorgesehenen Flottenniveau
Wasserdurchlauf mit bestimmter Stromstärke
Waschmittelzugabe
Heizung an- und ausschalten
Temperaturhöhe durch Thermostat geregelt
Antriebsmotor ein- und ausschalten
Reversierrhythmus ändern

Man ersieht daraus, daß das kontinuierliche Verfahren einen wesentlich geringeren steuertechnischen Aufwand benötigt als das diskontinuierliche und damit seine Anwendung aus dieser Sicht gesehen durchaus sinnvoll erscheint.

Diskontinuierliches Waschen
(2-Bad)
Wasserzulf.
I
Niveau
II
Waschmittel
Heizung
I
Antrieb
II
Ablauf
Waschen
Spülen
Betriebszeit
Kontinuierliches Waschen
Wasserzulf.
Niveau
I
Durchlf.
II
Waschmittel
Heizung
I
Antrieb
II
Ablauf
Waschen
Spülen
Betriebszeit

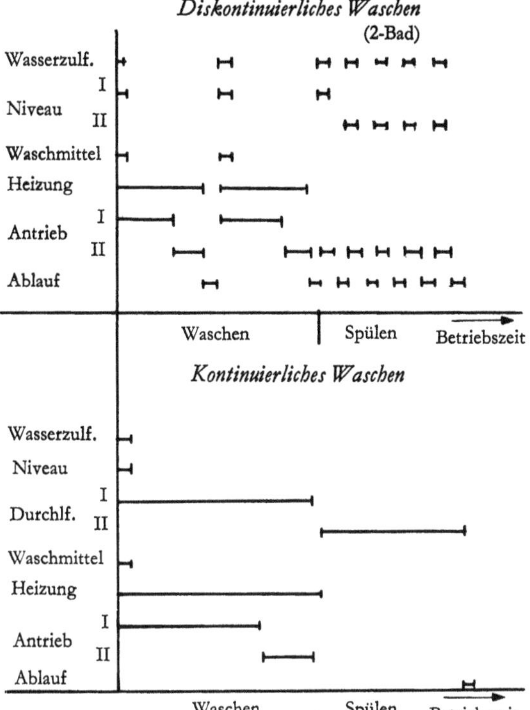

Abb. 2

II. Aufgabenstellung

Wie nun ein Vergleich beider Verfahren hinsichtlich Betriebsmittelaufwand (Wasser, Wärme, Waschmittel) und Wascherfolg (Waschwirkung und Wäschevergrauung) aussieht, soll in folgendem theoretisch und praktisch näher untersucht werden.

III. Theoretische Untersuchungen

a) Wasserverbrauch (s. Abb. 3)

Der Wasserverbrauch des *diskontinuierlichen* Verfahrens hängt vom Flottenverhältnis und von der Anzahl der Waschbäder ab. (Das Spülen wird hier nicht berücksichtigt. Es wird auf den Aufsatz »Theorie und Praxis des diskontinuierlichen und kontinuierlichen Spülens« verwiesen – Forschungsbericht des Landes NRW Nr. 1285.)

$$W_{\text{diskont.}} = F_1 + (F_2 - F_0) + (F_3 - F_0) + \cdots (F_n - F_0) \quad (\text{l/kg})$$

$F_{1,2,3}$ = Flottenverhältnis der einzelnen Waschgänge (l/kg)
F_0 = Flottenverhältnis der tropfnassen Wäsche (l/kg)
n = Anzahl der Waschgänge

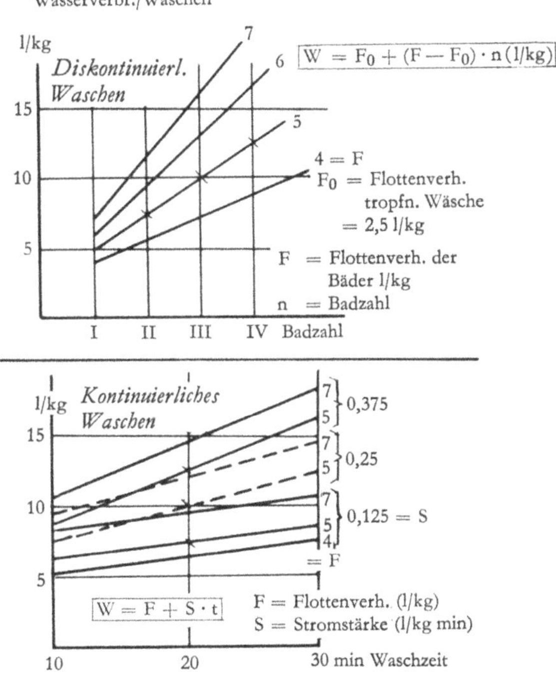

Abb. 3

Sind die Flottenverhältnisse aller Waschgänge gleich, so läßt sich schreiben

$$W_{\text{diskont.}} = F + (F - F_0) \cdot (n - 1) \quad (\text{l/kg})$$
$$= F_0 + n(F - F_0)$$

Das *kontinuierliche* Waschen bestimmt seinen Wasserverbrauch durch Flottenverhältnis, Durchlaufstromstärke und Waschzeit. Setzt man Flottenverhältnis und Stromstärke für die Dauer der Waschzeit als konstant voraus, so ergibt sich für den Wasserverbrauch

$$W_{\text{kont.}} = F + S \cdot t \quad (\text{l/kg})$$

F	=	Flottenverhältnis	(l/kg)
S	=	Stromstärke	(l/kg min)
t	=	Waschzeit	(min)

Grundsätzlich dürfte man zunächst unabhängig vom Waschverfahren von der Annahme ausgehen können, daß für das Waschen einer bestimmten Wäschemenge mit bestimmtem Verschmutzungsgrad auch eine bestimmte Wassermenge notwendig ist.

Damit läßt sich eine formelmäßige Beziehung zwischen Durchlaufstromstärke (S) und Waschzeit (t) für das kontinuierliche Waschen und der Waschgangzahl (n) des diskontinuierlichen Waschens angeben. Das Flottenverhältnis wird für beide Verfahren als gleich angenommen.

Damit ergibt sich für das kontinuierliche Waschen eine Stromstärke von

$$S = \frac{(F - F_0)(n - 1)}{t} \quad (\text{l/kg min})$$

Setzt man z. B. für F_0 üblicherweise 2,5 l/kg (Baumwolle), so ergibt sich entsprechend einem Zwei-Badverfahren für die Durchlaufstromstärke die Beziehung

$$S = \frac{F - 2{,}5}{t} \quad (\text{l/kg min})$$

Bei $S = 0$ haben wir das Ein-Badverfahren. Ein Unterschied beider Verfahren liegt dann nur in der Spülphase des Waschprogrammes.

b) Wärmeverbrauch (s. Abb. 4)

Der Wärmeverbrauch richtet sich nach der zu erwärmenden Wassermenge und der geforderten Temperaturhöhe. Wenn von Wärmeverlusten abgesehen wird, ergeben sich folgende Beziehungen:

Diskontinuierliches Waschen

Ein-Badverfahren	$\Omega_1 = F \cdot \Delta T$	(kcal/kg)
Zwei-Badverfahren	$\Omega_2 = F(\Delta T_1 + \Delta T_2) - F_0 \Delta T_1$	(kcal/kg)
Drei-Badverfahren	$\Omega_3 = F(\Delta T_1 + \Delta T_2 + \Delta T_3) - F_0(\Delta T_1 + \Delta T_2)$	(kcal/kg)
n-Badverfahren	$\Omega_n = F \Sigma \Delta T_n - F_0 \Sigma \Delta T_{n-1}$	(kcal/kg)

F	= Flottenverhältnis	(l/kg)
F_0	= Restflottenverhältnis	(l/kg) (tropfnasse Wäsche)
$\Delta T_{1,2,n}$	= Temperaturerhöhung über Kaltwasser	(°C)

Kontinuierliches Waschen

$\Omega_{\text{kont.}}$	$= \Delta T \left(F + S \left(t_e + \frac{t - t_e}{2} \right) \right)$	(kcal/kg)
S	= Durchlaufstromstärke	(l/kg min)
t	= Durchlaufzeit	(min)
t_e	= Nachwaschzeit	(min)

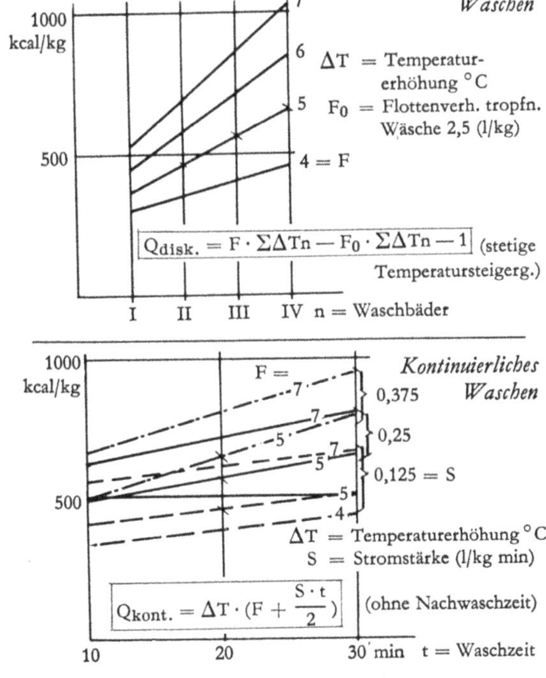

Abb. 4

Grundsätzlich darf man für beide Verfahren den gleichen Wärmeverbrauch ansetzen. Er kann jedoch differieren, wenn die Temperaturführung und der Wasserverbrauch verschieden sind. Zum Beispiel übersteigt der Wärmeverbrauch des kontinuierlichen Waschens den des diskontinuierlichen um so mehr, je länger die Waschzeit bei Höchsttemperatur gewählt wird (Nachwaschzeit).

c) Waschmittelverbrauch, Waschmittelkonzentration (s. Abb. 5)

Legt man eine bestimmte Waschmittelmenge je kg Wäsche (M) zugrunde und vergleicht den Konzentrationsverlauf der Waschflotten beider Verfahren, so ergibt sich folgendes Bild:

Diskontinuierliches Waschen

Ein-Badverfahren $k = \frac{M}{F}$ (g/l)

Mehr-Badverfahren 1. Bad $k_1 = \frac{M_1}{F_1}$

2. Bad $k_2 = \frac{M_1 \cdot q_1}{F_2} + \frac{M_2}{F_2}$

3. Bad $k_3 = \frac{M_2 \cdot q_2}{F_3} + \frac{M_3}{F_3}$

n-Bad $k_n = \frac{M_{n-1} \cdot q_{n-1}}{F_n} + \frac{M_n}{F_n}$

$$= \frac{1}{F_n} (M_{n-1} \cdot q_{n-1} + M_n) \quad \text{(g/l)}$$

$M = M_1 + M_2 + M_3 + \cdots + M_n$

M = Waschmittelmenge (g/kg) (gesamt)

$q_{1,2,3,\ldots n}$ = Verdünnungsverhältnis $= \frac{F_0}{F_{1,2,\ldots n}}$

$k_{1,2,3,\ldots n}$ = Flottenkonzentration (g/l)

Bei gleicher Konzentration und gleichem Flottenverhältnis aller Bäder errechnet sich diese aus

$$k = \frac{M}{F} \cdot \frac{1}{n - q \cdot (n-1)}$$

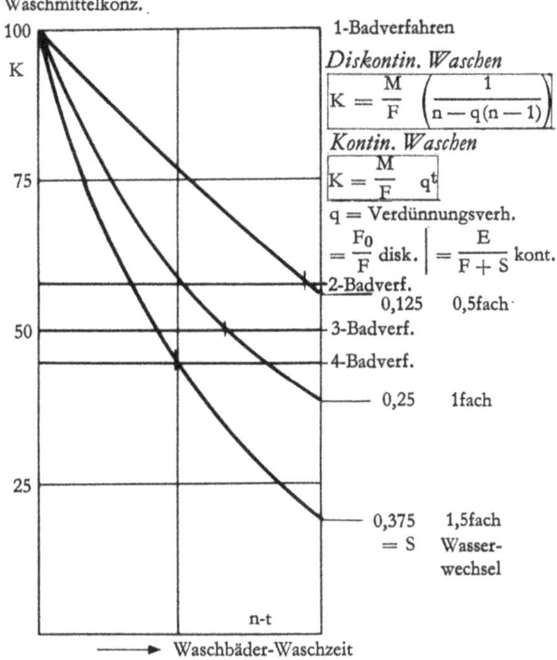

Abb. 5

Dann ergibt sich folgende Waschmittelaufteilung:

Bad 1	$M_1 = k \cdot F$	(g/kg)
Bad 2	$M_2 = k \cdot (F - F_0)$	(g/kg)
Bad *n*	$M_n = k \cdot (F - F_0)$	(g/kg)

Vergleicht man die Waschmittelkonzentration von Mehr-Badverfahren mit dem Ein-Badverfahren, so sinken bei gleicher Waschmittelzugabe je kg Wäsche und gleicher Konzentration und Flottenverhältnis der Bäder die Werte auf ca.

67% (Zwei-Badverfahren)
52% (Drei-Badverfahren)
40% (Vier-Badverfahren)

In der Praxis wird die Waschmittelverteilung verschieden gehandhabt. Sei es, daß man z. B. die Konzentration der Vorwäsche höher wählt, um bei stark verschmutzter Wäsche eine schmutztragefähige Flotte zu haben, oder die Konzentration der Klarwäsche höher wählt, um durch die eingebauten Bleichmittel eine bessere Bleichwirkung zu erzielen. Grundsätzlich muß die Konzentration so gewählt werden, daß einmal beim Minimalwert noch die Schmutztragefähigkeit gewährleistet ist, zum anderen beim Maximalwert eine übermäßige Schaumentwicklung vermieden wird.

Kontinuierliches Waschen

Während das diskontinuierliche Waschen für die Dauer jeden Waschvorganges konstante Waschmittelkonzentration hält, ändert sich diese beim kontinuierlichen Waschen dauernd, falls man nicht durch kontinuierliche Waschmittelzugabe die durch das kontinuierlich zufließende Frischwasser bewirkte Verdünnung ausgleicht. Im letzten Fall errechnet sich bei konstantem Flottenverhältnis und Stromstärke die Waschmittelkonzentration aus

$$k = \frac{M}{F} \cdot \frac{1}{t - q \cdot (t - 1)} \quad (\mathrm{g/l}); \qquad q = \frac{F}{F + S}$$

Legt man einen 0,5fachen Wasserwechsel zugrunde (entsprechend einem Zwei-Badverfahren), so sinkt die Konzentration auf ca. 67% derjenigen des Ein-Badverfahrens.
Beim einfachen Wasserwechsel (entsprechend einem Drei-Badverfahren) beträgt die Endkonzentration ca. 52% derjenigen des Ein-Badverfahrens. 1,5facher Wasserwechsel (entsprechend einem Vier-Badverfahren) bringt eine Endkonzentration von 40%.
Die Waschmittelzugabe besteht aus einer einmaligen Zugabe bei Beginn des Waschens

$$M_1 = k \cdot F \quad (\mathrm{g/kg})$$

und der kontinuierlichen Zugabe

$$M_{\mathrm{kont.}} = k \cdot S \quad (\mathrm{g/kg\ min})$$

Die stärkste Änderung der Konzentration erhält man, wenn die gesamten Waschmittel zu Waschbeginn zugegeben werden. Für diesen Fall ändert sich die Konzentration nach einer Exponentialfunktion

$$k_t = \frac{M}{F}\left(\frac{M}{F + S}\right)^t \quad (\mathrm{g/l})$$

t = Waschzeitintervall (min)

Je nach der Menge des kontinuierlich zufließenden Wassers wird die Konzentration mehr oder weniger stark absinken.
Legt man einen 0,5fachen Wasserwechsel zugrunde (der Wasseraufwand ist dabei etwa der gleiche wie beim Zwei-Badverfahren), so sinkt die Konzentration am Ende der Waschzeit auf ca. 60% des Anfangswertes (der Mittelwert beträgt 80%). Bei 1,5fachem Wasserwechsel (entsprechend einem Vier-Badverfahren) ergibt sich eine Endkonzentration von ca. 20%, Mittelwert 40%.

IV. Praktische Untersuchungen in einer Trommelwaschmaschine

a) Versuchsbedingungen

Um die Beurteilung des Wascherfolges beider Verfahren zu ermöglichen, wurden die Waschwirkung und Vergrauung an Standardgeweben gemessen.

Standardgewebe für Vergrauung:	170 g/m² Baumwolle
Standardgewebe für Waschwirkung:	WFK-Baumwoll-Schmutzgewebe

Die Füllwäsche bestand aus sauberen Wäscheteilen von Handtuch- bis Bettuchgröße.

Das Prüfwaschmittel hatte folgende Zusammensetzung:

Metasilikat	30%
Tripolyphosphat	25%
Pyrophosphat	25%
Seife (80% Fettsäure)	20%

Die Waschmittelmenge je kg Wäsche wurde für alle Versuche konstant gehalten und betrug 16 g/kg. Durch Zugabe von künstlichem Schmutz in die Waschflotte wurde eine modellmäßige Schmutzbelastung der Versuchsgewebe erzeugt. Der Schmutz hatte folgende Zusammensetzung:

Wollfett	93%
WFK-Pigment	4,7%
Eisenoxyd, schwarz	2,3%

Die Schmutzmenge je kg Wäsche betrug 10,7 g/kg und wurde ebenfalls für alle Versuche konstant gehalten.
Bei diesem Verhältnis Waschmittel–Schmutz war die Waschflotte gerade noch schmutztragefähig, d. h., es sollten noch keine Fettläuse auftreten, aber Vergrauung schon nach wenigen Wäschen sichtbar werden.
Für die Versuche wurde eine Pullman-Waschmaschine mit einem Fassungsvermögen von 60 kg benutzt (Füllungsverhältnis 16 l/kg).

Programmsteuerung:	Streifenkarte
Heizung:	Dampf direkt
Wassermengenregelung:	Niveauschalter
Temperatursteuerung:	zeitabhängig geregelter Thermostat
Regelung der Wasserstromstärke:	Strömungsmesser
Waschmittelzugabe:	von Hand

Der zeitliche Ablauf aller Programme war gleich.

Waschzeit: 20 min

Das Spülen wurde einheitlich mit einer Stromstärke von 2 l/kg min kontinuierlich durchgeführt.
Das Flottenverhältnis betrug einheitlich 5 l/kg.
Die Waschwirkung und Vergrauung wurde durch Messung der Aufhellung bzw. Abdunkelung der Standardgewebe gemessen. Als Meßgerät diente das ELREPHO-Zeiss mit dem Filter R 460 mμ (blau).

Folgende *Waschverfahren* wurden durchgeführt:

1. *Ein-Badverfahren*

Waschmittelzugabe und Schmutzzugabe zu Beginn des Waschbades.

a) Waschtemperatur von 20 bis 90° C, linear ansteigend
b) Waschtempatur konstanter 90° C

2. *Zwei-Badverfahren*

Waschmittel und Schmutz auf beide Bäder so verteilt, daß gleiche Konzentration vorhanden war.
Zugabe zu Badbeginn.

Waschtemperatur: Vorwäsche in 8 min auf 50° C
Klarwäsche in 12 min auf 90° C

3. *Durchlaufverfahren*

Wasserstromstärke 0,25 l/kg min = einmaliger Wasserwechsel.
Waschmittel- und Schmutzzugabe zu Waschbeginn.

a) Waschtemperatur von 20 bis 90° C, linear ansteigend
b) Waschtemperatur konstant 90° C

4. *Durchlaufverfahren*

Wasserstromstärke 0,25 l/kg min.
Waschmittelzugabe in zehn Stufen, wobei annähernd gleiche Waschmittelkonzentration während der ganzen Waschzeit herrscht. Die Zugabe des künstlichen Schmutzes erfolgt in dem Maße, wie etwa die Schmutzabgabe der Wäsche an die

Flotte in Abhängigkeit von der Waschzeit verläuft.

Waschtemperatur von 20 bis 90° C
(s. Abb. 6)

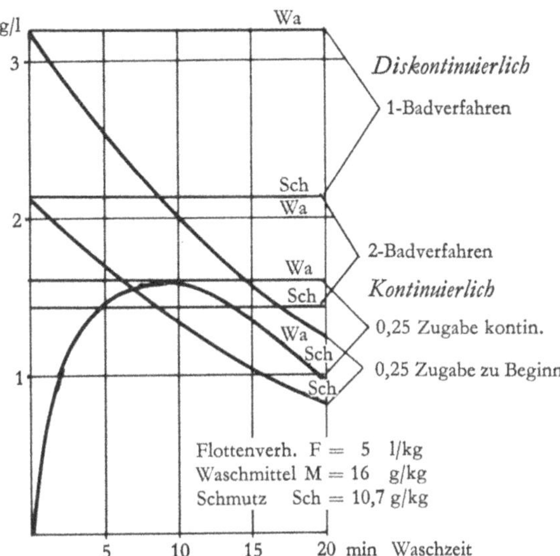

Abb. 6

b) Versuchsergebnisse

1. *Waschwirkung* (s. Abb. 7)

Die Aufhellung des Standard-Schmutzgewebes zeigt, daß eine deutliche Abhängigkeit von der Waschzeit bei hoher Temperatur besteht. Interessanterweise konnte diese Tendenz auch in den Streuwerten zum Ausdruck kommen, d. h., je länger bei hoher Temperatur gewaschen wird, desto kleiner wird die Streuung bzw. desto gleichmäßiger ist die Maschinenfüllung durchgewaschen.

Es ist allerdings zu vermuten, daß nicht so sehr die Temperaturhöhe, sondern die Waschdauer bei konstanter Temperatur hierfür maßgebend ist.

Was den Einfluß des Waschverfahrens anbetrifft, so macht sich wohl in erster Linie die Höhe der Waschmittel- und Schmutzkonzentration im Hochtemperaturbereich bemerkbar. Da schneidet ein Ein-Badverfahren bei der hier angewendeten konstanten Waschmittelmenge mit höchster Konzentration trotz höchster Schmutzkonzentration am günstigsten ab, während das kontinuierliche Ver-

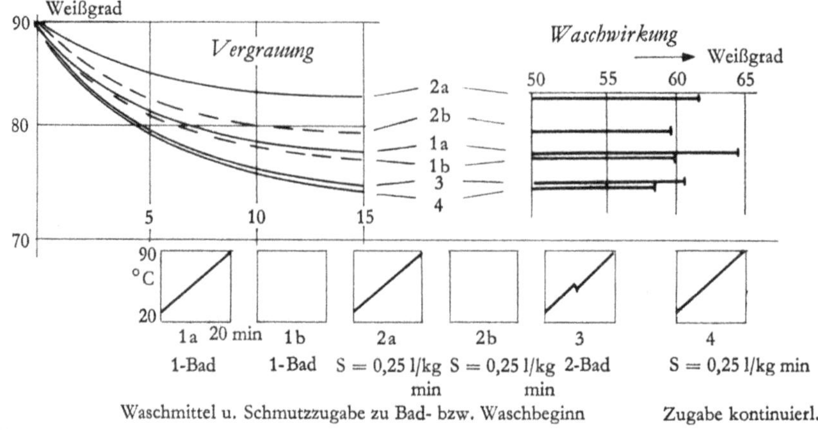

Abb. 7

fahren bei einmaligem Wasserwechsel mit kontinuierlicher Waschmittel- und Schmutzzugabe und niedrigster Konzentration die kleinste Aufhellung des Standard-Schmutzgewebes bringt.

2. *Vergrauung* (s. Abb. 7)

Die nach 5, 10 und 15 Wäschen an Standardgewebe durchgeführten Weißgradmessungen zeigen eine nicht lineare Zunahme der Vergrauung. Mit zunehmender Waschzahl wird die Weißgradabnahme geringer. Der Einfluß der Waschzeit bei Höchsttemperatur macht sich bei der hier gewählten Gesamtwaschzeit von 20 min positiv bemerkbar. Die einzelnen Waschverfahren haben einen gewissen Einfluß auf die Wäschevergrauung. Hier schneidet das kontinuierliche Verfahren mit einmaliger Waschmittel- und Schmutzzugabe zu Beginn des Waschens und konstanter Höchsttemperatur am besten ab. Das zweite kontinuierliche Verfahren mit kontinuierlicher Waschmittel- und Schmutzzugabe ergab die stärkste Vergrauung. Das Ein-Badverfahren mit der besten Waschwirkung liegt an zweiter Stelle, das Zwei-Badverfahren an dritter Stelle.

Eine Erklärung für die geringste Vergrauung des kontinuierlichen Verfahrens mit einmaliger Waschmittel- und Schmutzzugabe dürfte darin zu finden sein, daß die mittlere Schmutzkonzentration über die Waschzeit bei ausreichender Waschmittelkonzentration verhältnismäßig niedrig liegt.

Das zweite kontinuierliche Verfahren mit kontinuierlicher Waschmittel- und Schmutzkonzentration hat zwar etwa die gleiche mittlere Schmutzkonzentration, aber eine wesentlich niedrigere Waschmittelkonzentration und mußte deshalb eine stärkere Vergrauung bringen.

Die beiden diskontinuierlichen Verfahren scheinen durch die höhere mittlere Schmutzkonzentration vergrauungsmäßig etwas nachteilig beeinflußt zu sein.

V. Zusammenfassung

Mit dieser Untersuchung war beabsichtigt, einige Zusammenhänge über die Technik des diskontinuierlichen und kontinuierlichen Waschens zu erklären.
In steuerungstechnischer Hinsicht bietet das kontinuierliche Waschen deutliche Vorteile, die besonders in einer geringeren Dauerbeanspruchung der Steuerelemente liegen.
Ein grundsätzlicher Unterschied zwischen den beiden Verfahren im Wasser- und Wärmeverbrauch besteht nicht. Allerdings läßt sich Flottenstand und Temperatur beim diskontinuierlichen Verfahren, wenn nötig, einfacher variieren, da ein verstellbarer Überlauf etwas schwieriger zu verwirklichen ist.
Der Waschmittelverbrauch richtet sich nicht nur nach der Wäschemenge, sondern auch danach, welche Konzentration der Flotte vorliegt. Gleiche Waschmittelmengen je kg Wäsche können je nach Waschverfahren unterschiedliche Konzentrationen bringen. Das Ein-Badverfahren hat die höchste Konzentration. Je mehr Bäder durchgeführt werden, um so tiefer sinkt die Konzentration. Das gleiche gilt für das kontinuierliche Waschen. Unter Umständen sinkt hierbei die Konzentration durch die laufende Verdünnung gerade im wichtigen Höchsttemperaturbereich stärker ab, als beim diskontinuierlichen Waschen. Um das zu vermeiden, müßte man die Waschmittelzugabe etwas erhöhen.
Die modellmäßigen Waschversuche lassen erkennen, daß bei gleicher Waschmittel- und Schmutzzugabe je kg Wäsche das Ein-Badverfahren eine etwas bessere Waschwirkung bringt als die übrigen Verfahren. Der Grund dürfte in der höheren Waschmittelkonzentration liegen. In diesem Zusammenhang muß allerdings erwähnt werden, daß dieses Ergebnis auf Grund der bewußt niedrig gewählten Waschmittelmenge zustande gekommen ist und deshalb nicht verallgemeinert werden sollte. Es beweist allerdings die Wichtigkeit der Konzentrationshöhe.
Die Vergrauungmessung zeigt, daß das kontinuierliche Waschverfahren mit einmaliger Waschmittel- und Schmutzzugabe die geringste Wäschevergrauung hat. Es ist anzunehmen, daß die im Verhältnis zur Waschmittelkonzentration geringe Schmutzkonzentration dafür verantwortlich ist. Für diese Annahme spricht auch das schlechteste Ergebnis des kontinuierlichen Verfahrens mit kontinuierlicher Waschmittel- und Schmutzzugabe, wo die mittlere Schmutzkonzentration im Verhältnis zur Waschmittelkonzentration hoch liegt.
Abschließend kann gesagt werden, daß trotz extrem gewählter Versuchsbedingungen keine schwerwiegenden Unterschiede der beiden Verfahren gefunden werden konnten. Bei gleichem Wasser-Wärmeeinsatz und unter Vermeidung kritisch niedriger Waschmittelkonzentrationen, darauf ist besonders beim kontinuierlichen Waschen mit konfektionierten Waschmitteln im Hochtemperaturbereich zu achten, dürfte das Waschergebnis praktisch keinen Unterschied zeigen.

Literaturverzeichnis

[1] Oldenroth, O., Zusammensetzung und Verhalten des Wäscheschmutzes. Zeitschrift: Fette, Seifen, Anstrichmittel 11/59.

[2] Schmidt, H., Theorie und Praxis des diskontinuierlichen und kontinuierlichen Spülens. Forschungsbericht des Landes Nordrhein-Westfalen Nr. 1285.

[3] Strömungswaschverfahren. Jahrbuch für das textile Reinigungsgewerbe 1962, Bussesche Verlagshandlung, Herford.

[4] Köhler, S., Mehrlaugenverfahren und Waschen mit peroxidhaltigen Waschmitteln. Waschtechnik Nr. 7, 1956, Schweden.

FORSCHUNGSBERICHTE
DES LANDES NORDRHEIN-WESTFALEN

Herausgegeben im Auftrage des Ministerpräsidenten Dr. Franz Meyers
von Staatssekretär Prof. Dr. h. c. Dr.-Ing. E. h. Leo Brandt

Textilforschung

Gliederungsübersicht

Allgemeines, Textilphysik, Textilchemie, Textilrohstoffe

Raumklima in Textilindustriebetrieben; insbesondere elektrostatische Raumluftaufladung und relative Luftfeuchtigkeit

Spinnereivorbereitung (Verfahren und Maschinen)

Spinnerei und Zwirnerei (Verfahren und Maschinen)

Nachbehandlung von Garnen und Zwirnen

Beurteilung fertiger Garne und Zwirne nach Herstellungsverfahren und Eigenschaften

Webereivorbereitung (Verfahren und Maschinen)

Weberei (Verfahren und Maschinen)

Beurteilung von Geweben und anderen textilen Flächengebilden nach Herstellungsverfahren und Eigenschaften

Textilveredlung (Bleichen, Färben, Drucken, Ausrüsten)

Arbeitsvorgänge und Maschinen in der Bekleidungsindustrie

Gebrauchsfragen einschließlich Wäscherei und Chemischreinigung

Textilprüfverfahren, Textilprüfgeräte

Betriebswirtschaftliche Untersuchungen auf dem Textilgebiet

Volkswirtschaftliche Untersuchungen auf dem Textilgebiet

Allgemeines, Textilphysik, Textilchemie, Textilrohstoffe

HEFT 34
Textilforschungsanstalt Krefeld
Quellungs- und Entquellungsvorgänge bei Faserstoffen
1953. 45 Seiten, 14 Abb., 13 Tabellen. DM 9,80

HEFT 35
Prof. Dr. phil. nat. Wilhelm Kast, Krefeld
Feinstruktur-Untersuchungen an künstlichen Zellulosefasern verschiedener Herstellungsverfahren
1953. 68 Seiten, 30 Abb., 7 Tabellen. DM 13,80

HEFT 64
Textilforschungsanstalt Krefeld
Die Kettenlängenverteilung von hochpolymeren Faserstoffen
Über die fraktionierte Fällung von Polyamiden
1954. 33 Seiten, 13 Abb. DM 8,60

HEFT 93
Prof. Dr. phil. nat. Wilhelm Kast, Krefeld
Spinnversuche zur Strukturerfassung künstlicher Zellulosefasern
1954. 69 Seiten, 39 Abb., 6 Tabellen. DM 16,—

HEFT 173
Prof. Dr. phil. nat. Rolf Hosemann und
Dipl.-Phys. Günter Schoknecht, Berlin, vorgelegt von
Prof. Dr. phil. nat. Wilhelm Kast, Krefeld
Lichtoptische Herstellung und Diskussion der Faltungsquadrate parakristalliner Gitter
1956. 93 Seiten, 63 Abb., 6 Tabellen. DM 24,70

HEFT 260
Prof. Dr. phil. nat. Wilhelm Kast, Freiburg
Prof. Dr. A.H. Stuart und
Dipl.-Phys. H. G. Fendler, Hannover
Lichtzerstreuungsmessungen an Lösungen hochpolymerer Stoffe
1956. 58 Seiten, 20 Abb., 5 Tabellen. DM 15,60

HEFT 261
Prof. Dr. phil. nat. Wilhelm Kast, Freiburg
Feinstruktur-Untersuchungen an künstlichen Zellulosefasern verschiedener Herstellungsverfahren
Teil II: Der Kristallisationszustand
1956. 67 Seiten, 27 Abb., 11 Tabellen. DM 17,20

HEFT 301
Prof. Dr. rer. nat. Wilhelm Weltzien,
Dr. rer. nat. Gerda Cossmann und Peter Diehl,
Textilforschungsanstalt Krefeld
Über die fraktionierte Fällung von Polyamiden (II)
1956. 42 Seiten, 1 Abb., 16 Tabellen. DM 11,30

HEFT 433
Dr.-Ing. Günther Satlow,
Deutsches Wollforschungs-Institut an der Rhein.-Westf. Technischen Hochschule Aachen
Über einige physikalische und chemische Eigenschaften der Wolle von der gewaschenen Wolle bis zum Kammzug
1957. 62 Seiten, 15 Abb., 19 Tabellen. DM 15,25

HEFT 614
Prof. Dr. rer. nat. Wilhelm Weltzien,
Priv.-Doz. Dr. rer. nat. habil. Johannes Juilfs und
Dr. rer. nat. Werner Bubser, Krefeld
Die Textilforschungsanstalt Krefeld 1920–1958
Ein Bericht zur Einweihung ihres Neubaus Frankenring 2
1958. 78 Seiten, 11 Abb., 5 Baupläne. DM 23,80

HEFT 731
Dr.-Ing. Günther Satlow,
Deutsches Wollforschungs-Institut an der Rhein.-Westf. Technischen Hochschule Aachen
Hautwolle und Schurwolle. Eine Gegenüberstellung ihrer wichtigsten chemischen und physikalischen Eigenschaften
1959. 96 Seiten, 4 Abb., 31 Tabellen. DM 23,60

HEFT 790
Prof. Dr. phil. nat. Wilhelm Kast, Freiburg
und Dipl.-Ing. Victor Elsaesser, Freiburg
Fließvorgänge in der Spinndüse und dem Blaukonus des Cuoxam-Verfahrens
1960. 131 Seiten, 59 Abb., 37 Tabellen. DM 36,50

HEFT 839
Prof. Dr. rer. nat. habil. Johannes Juilfs, Krefeld
Zur Bestimmung der Absolutdichte von Fasern
1960. 24 Seiten, 5 Abb., 3 Tabellen. DM 8,10

HEFT 879
Dipl.-Chem. Dr. rer. nat. Hans-Günther Fröhlich,
Forschungsinstitut der Hutindustrie e. V., Mönchengladbach
Einsatz von künstlichen Eiweißfasern in Mischung mit Wolle und Kaninhaar zur Herstellung von Hutfilzen
1960. 41 Seiten, 15 Abb., 10 Tabellen. DM 12,90

HEFT 1084
Dr.-Ing. Günther Satlow,
Deutsches Wollforschungsinstitut an der Rhein.-Westf. Technischen Hochschule Aachen
Charakteristische Eigenschaften von Rohwollen
1962. 67 Seiten, 15 Abb., 11 Tabellen. DM 33,80

HEFT 1106
Dr. rer. nat. Werner Bubser und
Dr. rer. nat. Walter Fester,
Textilforschungsanstalt, Krefeld
Quell- und Lösereaktionen an Polyesterfasern zur Untersuchung von deren Veränderungen und Schädigungen
1962. 34 Seiten, 14 Abb., 13 Tabellen. DM 16,—

HEFT 1132
Dr. rer. nat. Werner Bubser und
Dr. rer. nat. Walter Fester,
Textilforschungsanstalt, Krefeld
Untersuchungen über die Anwendung der Trübungstitration bei Polyamiden
1962. 33 Seiten, 19 Abb. DM 14,50

HEFT 1154
Dr.-Ing. Günter Blankenburg,
Deutsches Wollforschungsinstitut an der Rhein.-Westf. Technischen Hochschule Aachen
Chemische und physikalische Eigenschaften von unveränderter und veränderter Wolle in Beziehung zum Filzvermögen
1963. 96 Seiten, 38 Abb., 35 Tabellen. DM 43,80

HEFT 1156
Dr. rer. nat. Hans Hendrix und
Dr. rer. nat. Walter Fester,
Textilforschungsanstalt, Krefeld
Potentiometrische Endgruppenbestimmung an synthetischen Fasern
Die Bestimmung der sauren Endgruppen an Polyester- und Polyacrylnitrilfasern
1963. 23 Seiten, 3 Abb., 2 Tabellen. DM 10,70

HEFT 1157
Dr. rer. nat. Walter Fester und
Dr. rer. nat. Hans Hendrix,
Textilforschungsanstalt, Krefeld
Analytische Untersuchungen an Polyacrylnitril- und Polyesterfasern
1963. 25 Seiten, 5 Abb., 5 Tabellen. DM 10,40

HEFT 1205
Dr. rer. nat. Werner Bubser,
Textilforschungsanstalt, Krefeld
Vergleichende Bestimmungen des Schmelzpunktes an synthetischen Faserstoffen
1963. 25 Seiten, 5 Abb., 9 Tabellen. DM 11,80

HEFT 1212
Dr. rer. nat. Heimo Pfeifer, Textil-Technisches Institut der Vereinigten Glanzstoff-Fabriken AG und Deutsches Wollforschungsinstitut an der Rhein.-Westf. Technischen Hochschule Aachen
Über den Abbau von Polyesterfasern durch Hydrolyse und Aminolyse
1964. 107 Seiten, 54 Abb., 30 Tabellen. DM 61,50

HEFT 1278
Prof. Dr.-Ing. Paul-August Koch und
Dr. rer. nat. Maria Stratmann,
Ingenieurschule für Textilwesen, Krefeld
Verfahren zur Erkennung und Untersuchung von Chemiefaserstoffen: I. Polyacrylnitril- und Multipolymerisat-Faserstoffe
1964. 105 Seiten, 71 Abb., 8 Tabellen. DM 68,50

HEFT 1300
Dr. rer. nat. Werner Bubser, Textilforschungsanstalt Krefeld
Einfluß der Trocknungsbedingungen beim Schlichten auf die technologischen Eigenschaften und die Entschlichtbarkeit bei Chemiefasern auf Zellulosebasis *1963. 49 Seiten, 32 Tabellen. DM 19,80*

HEFT 1434
Dr. rer. nat. Walter Fester, Textilforschungsanstalt, Krefeld
Untersuchungen zur Verbesserung der Hitzebeständigkeit von Polyamidfasern
1964. 43 Seiten, 25 Abb., 2 Tabellen. DM 23,80

HEFT 1435
Prof. Dr. rer. nat. Wilhelm Weltzien † und
Dr. rer. nat. Hans Hendrix,
Textilforschungsanstalt, Krefeld
Einfluß der Thermofizierung auf die Eigenschaften von Polyestergewebe
1964. 42 Seiten, 4 Tabellen. DM 21,—

HEFT 1436
Prof. Dr.-Ing. Helmut Zahn und
Dr. rer. nat. Franz Schade,
Deutsches Wollforschungsinstitut an der Rhein.-Westf. Technischen Hochschule Aachen
Untersuchung bifunktioneller Reaktionen zur Einlagerung von Polymeren in Kollagen
1965. 38 Seiten, 2 Abb., 7 Tabellen. DM 15,50

HEFT 1465
Prof. Dr.-Ing. Helmut Zahn, Dr. Friedrich-Wilhelm Kunitz und Dr. rer. nat. Herbert Meichelbeck, Deutsches Wollforschungsinstitut an der Rhein.-Westf. Technischen Hochschule Aachen
Die irreversible Aggregierung cystinhaltiger Proteine durch Thioätherbildung
1965. 42 Seiten, 10 Abb., 12 Tabellen. DM 24,—

HEFT 1466
Dr. rer. nat. Maria Stratmann, Ingenieurschule für Textilwesen, Krefeld
Verfahren zur Erkennung und Unterscheidung von Chemiefaserstoffen
II.: Polyamid-Faserstoffe und Polyharnstoff-Faser Urylon
1965. 102 Seiten, 114 AAb., 6 Tabellen. DM 64,50

HEFT 1475
Prof. Dr.-Ing. Helmut Zahn und Dr. rer. nat. Herbert Meichelbeck, Deutsches Wollforschungsinstitut an der Rhein.-Westf. Technischen Hochschule Aachen
Die Funktion des Cysteins bei der Lanthioninquervernetzung von Wollkeratin
1965. 62 Seiten, 20 Abb., 21 Tabellen. DM 34,80

HEFT 1479
Dr. rer. nat. Werner Bubser und Dr. rer. nat. Walter Fester, Textilforschungsanstalt Krefeld
Quell- und Lösereaktionen an Polyacrylnitrilfasern zur Erkennung einer Hitzebehandlung
Beeinflussung von Polyamidfasern durch Wasserstoffsuperoxydbleichen
Die Aufnahme von Temperatur-Längungs-Schrumpfungs-Kurven synthetischer Fasern
1965. 81 Seiten, 37 Abb., 10 Tabellen. DM 42,—

HEFT 1485
Dr. rer. nat. Werner Bubser und Dipl.-Chem. Wolfgang Lilie, Textilforschungsanstalt Krefeld
Die Beeinflussung diazotierter, nicht gekuppelter Färbungen durch Leuchtstofflampen während des Färbeprozesses
1965. 45 Seiten, 26 Abb., 3 Tabellen. DM 40,80

HEFT 1530
Dr. rer. nat. Maria Stratmann, Ingenieurschule für Textilwesen, Krefeld
Verfahren zur Erkennung und Unterscheidung von Chemiefaserstoffen
III. Polyolefin-Faserstoffe
1965. 53 Seiten, 46 Abb., 5 Tabellen. DM 58,—

HEFT 1675
Obering. Herbert Stein und Dipl.-Phys. Siegfried Hobe Institut für textile Meßtechnik, Mönchengladbach
Untersuchungen über die Gründe von Abweichungen in der Fadenlänge gleichartiger und unter gleichen Voraussetzungen hergestellter Garnkörper
In Vorbereitung

HEFT 1766
Prof. Dr. F. H. Müller und Dr. G. Ebert, Institut für Polymere der Universität Marburg
Kalorische Untersuchungen an Wolle
In Vorbereitung

Raumklima in Textilindustriebetrieben; insbesondere elektrostatische Raumluftaufladung und relative Luftfeuchtigkeit

HEFT 273
Karl H. W. Tacke, Wuppertal-Barmen
Erfahrungen beim Verspinnen von Perlonfasern und bei der Herstellung von Trikotagen aus gesponnenem Perlon *1956. 25 Seiten. DM 7,90*

HEFT 897
Prof. Dr.-Ing. Walther Wegener und Dipl.-Ing. Dieter Quambusch, Institut für Textiltechnik der Rhein.-Westf. Technischen Hochschule Aachen
Zusammenhang zwischen dem Raumklima und der elektrostatischen Aufladung des Spinnmaterials
1960. 81 Seiten, 44 Abb., 5 Tabellen. DM 23,90

HEFT 1119
Prof. Dr. Hans Israel, Rhein.-Westf. Technische Hochschule Aachen, Dozentur für Geophysik und Meteorologie, Dipl.-Ing. Heinrich Bücker
Raumklimatische Untersuchungen im Zusammenhang mit Spinnereiproblemen unter besonderer Berücksichtigung der elektrischen Eigenschaften klimatisierter Luft
1963. 193 Seiten, 69 Abb., 15 Tabellen. DM 86,—

HEFT 1319
Prof. Dr.-Ing. Walther Wegener und Dr.-Ing. E. Günther Hoth, Institut für Textiltechnik der Rhein.-Westf. Technischen Hochschule Aachen
Ermittlung der Grundlungen über die Raumluftaufladung und Auswirkungen bei der Verarbeitung von Faserverbänden
1964. 71 Seiten, 34 Abb., 6 Tabellen. DM 33,—

Spinnereivorbereitung (Verfahren und Maschinen)

HEFT 97
Obering. Herbert Stein, Mönchengladbach
Untersuchungen der Verzugsvorgänge an den Streckwerken verschiedener Spinnereimaschinen
2. Bericht: Ermittlung der Haft-Gleiteigenschaften von Faserbändern und Vorgarnen
1955. 84 Seiten, 54 Abb. DM 21,—

HEFT 397
Dipl.-Ing. Waldemar Rohs und Dipl.-Ing. Rudolf Otto, Technisch-Wissenschaftliches Büro für die Bastfaserindustrie, Bielefeld
Ungleichmäßigkeiten in Bändern von Bastfaserkarden, ihre Ursachen und Auswirkungen
1957. 48 Seiten, 18 Abb., 42 Diagramme. DM 14,80

HEFT 435
Dipl.-Ing. Waldemar Rohs und Dipl.-Ing. Ludwig Steinmetz, Technisch-Wissenschaftliches Büro für die Bastfaserindustrie, Bielefeld
Die Massenungleichmäßigkeit von Flachsstreckenbändern in Abhängigkeit von Verzug und Dopplung *1957. 29 Seiten, 4 Abb., 2 Tabellen. DM 9,90*

HEFT 479
Prof. Dr.-Ing. Walther Wegener und Dipl.-Ing. Herbert Fourné, Institut für Textiltechnik der Rhein.-Westf. Technischen Hochschule Aachen
Ursache des Überschreitens der Toleranzgrenze nach oben oder unten (Meter pro Gramm) an der Strecke
1957. 47 Seiten, 17 Abb., 3 Tabellen. DM 14,60

HEFT 609
Dipl.-Ing. Waldemar Rohs und Dipl.-Ing. Ludwig Steinmetz, Technisch-Wissenschaftliches Büro für die Bastfaserindustrie, Bielefeld
Verteilung der Bastfasern im Verzugsfeld einer Nadelabstrecke
1958. 42 Seiten, 10 Abb., 2 Tabellen. DM 13,45

HEFT 732
Dipl.-Ing. Waldemar Rohs und
Dipl.-Ing. Rudolf Otto, Technisch-Wissenschaftliches Büro für die Bastfaserindustrie, Bielefeld
Messung von Verzugskräften in Nadelfeldern von Bastfaserstrecken
1959. 40 Seiten, 9 Abb., 7 Tabellen. DM 11,60

HEFT 818
Prof. Dr.-Ing. Walther Wegener,
Institut für Textiltechnik der Rhein.-Westf. Technischen Hochschule Aachen
Grundlegende Untersuchungen zur Frage der Spinnavivierung von Rohbaumwolle
1959. 33 Seiten, 20 Abb. DM 10,70

HEFT 846
Obering. Herbert Stein und Ing. Martin Eidelsburger,
Institut für textile Meßtechnik, Mönchengladbach
Untersuchungen an Baumwollkarden zwecks Ermittlung der Fehlerursachen für Dickeschwankungen *1960. 46 Seiten, 23 Abb. DM 14,30*

HEFT 847
Obering. Herbert Stein und Ing. Martin Eidelsburger,
Institut für textile Meßtechnik, Mönchengladbach
Untersuchungen über den Ablauf der Arbeitsvorgänge bei Schlagmaschinen in Baumwoll- und Zellwollaufbereitungsanlagen
1960. 54 Seiten, 29 Abb. DM 16,70

HEFT 896
Prof. Dr.-Ing. Walther Wegener,
Institut für Textiltechnik der Rhein.-Westf. Technischen Hochschule Aachen
Einfluß der höheren Vorgarndrehung geflyerter Lunten auf die Ungleichmäßigkeit und die dynamometrischen Eigenschaften des fertigen Garnes
1960. 27 Seiten, 12 Abb., 3 Tabellen. DM 9,20

Spinnerei und Zwirnerei (Verfahren und Maschinen)

HEFT 13
Technisch-Wissenschaftliches Büro für die Bastfaserindustrie, Bielefeld
Das Naßspinnen von Bastfasergarnen mit chemischen Zusätzen zum Spinnbad
1952. 57 Seiten, 4 Abb., 19 Tabellen. DM 10,—

HEFT 238
Obering. Herbert Stein,
Institut für textile Meßtechnik, Mönchengladbach
Untersuchung der Verzugsvorgänge an den Streckwerken verschiedener Spinnereimaschinen
3. Bericht: Theoretische Betrachtungen über den Einfluß schlagender Zylinder und Druckrollen
1956. 56 Seiten, 21 Abb. DM 14,10

HEFT 340
Dipl.-Ing. Waldemar Rohs und Dipl.-Ing. Rudolf Otto, Technisch-Wissenschaftliches Büro für die Bastfaserindustrie, Bielefeld
Das Naßspinnen von Bastfasergarnen mit Spinnbadzusätzen unter Ausnutzung einer zentralen Spinnwasserversorgungsanlage
1956. 42 Seiten, 2 Abb., 6 Tabellen. DM 11,60

HEFT 378
Obering. Herbert Stein,
Institut für textile Meßtechnik, Mönchengladbach
Beobachtung und meßtechnische Erfassung der Vorgänge im Spinn- und Aufwindefeld von Ringspinn- und Ringzwirnmaschinen
1957. 91 Seiten, 88 Abb., 3 Tabellen. DM 26,90

HEFT 918
Institut für textile Meßtechnik, Mönchengladbach
Untersuchungen der Verzugsvorgänge an den Streckwerken verschiedener Spinnereimaschinen
4. Bericht: Ermittlung des Einflusses verschiedener Streckwerkseinstellungen und der verwendeten Konstruktionsteile auf die Verzugsvorgänge
1960. 43 Seiten, 5 Abb., 3 Tabellen. DM 13,70

HEFT 920
Dipl.-Ing. Rudolf Otto und
Textil-Ing. Manfred Le Claire, Technisch-Wissenschaftliches Büro für die Bastfaserindustrie, Bielefeld
Fadenspannungen beim Naßringspinnen von Bastfasern in ihrer Abhängigkeit von Fadenführung und Gestaltung von Ring und Läufer
1960. 54 Seiten, 18 Abb., 14 Tabellen. DM 16,40

HEFT 937
Dipl.-Ing. Waldemar Rohs, Dipl.-Ing. Rudolf Otto und Textil-Ing. Hugo Griese, Technisch-Wissenschaftliches Büro für die Bastfaserindustrie, Bielefeld
Trockenspinnverfahren für Leinengarne und Einsatz trocken gesponnener Garne in der Leinenweberei
1960. 56 Seiten, 14 Abb., 14 Tabellen. DM 19,90

HEFT 1166
Obering. Herbert Stein,
Institut für textile Meßtechnik, Mönchengladbach
Vergleich des Band-Spinnens von Baumwolle und Chemiefasern (ohne Fleyerpassage) mit dem klassischen Baumwollspinnverfahren
1963. 79 Seiten, 35 Abb. DM 36,80

HEFT 1314
Prof. Dr.-Ing. Walther Wegener und Dr.-Ing. Hans Peuker, Institut für Textiltechnik der Rhein.-Westf. Technischen Hochschule Aachen
Einfluß verschiedener Endstrecken bei verkürzten Kammgarn-Spinnverfahren auf die Ungleichmäßigkeit und auf die dynamometrischen Eigenschaften von Mischgespinsten aus Wolle und kunstgeschaffenen Fasern
1964. 77 Seiten, 31 Abb., 5 Tabellen. DM 45,—

HEFT 1333
Dipl.-Ing. Waldemar Rohs und Dipl.-Ing. Rudolf Otto, Technisch-Wissenschaftliches Büro für die Bastfaserindustrie, Bielefeld
Untersuchungen über Fasermischungen in der Bastfaserwergspinnerei
1963. 28 Seiten, 4 Abb., 5 Tabellen. DM 13,40

HEFT 1335
Prof. Dr.-Ing. Walther Wegener und Dipl.-Ing. Peter Ehrler, Institut für Textiltechnik der Rhein.-Westf. Technischen Hochschule Aachen
Eine Analyse der Vorgarnschwankungen an Streichgarn-Krempelassortimenten
1964. 127 Seiten, 31 Abb., 5 Tabellen. DM 73,50

HEFT 1545
Prof. Dr.-Ing. Dr.-Ing. E. h. Walther Wegener und Dipl.-Ing. Burkhard Wulfhorst, Institut für Textilforschung der Rhein-Westf. Technischen Hochschule Aachen
Einfluß von Balloneinengungsringen auf die Spannungsverhältnisse während der Fertigung und auf die Qualität der Garne
1965. 50 Seiten, 23 Abb., 4 Tabellen. DM 31,80

HEFT 1707
Prof. Dr.-Ing. habil. Dr.-Ing. E. h. Walther Wegener und Dipl.-Ing. Burkhard Wulfhorst, Institut für Textiltechnik der Rhein.-Westf. Technischen Hochschule Aachen
Der Einfluß verschiedener Liefergeschwindigkeiten an der Ringspinnmaschine auf die Laufeigenschaften und das Ungleichmäßigkeitsverhalten von Garnen *In Vorbereitung*

HEFT 1723
Obering. Herbert Stein und Dipl.-Phys. Siegfried Hobe, Institut für textile Meßtechnik Mönchengladbach e. V., Mönchengladbach
Meßtechnische Untersuchungen über die Eignung eines neuen Schnellverfahrens zur Ermittlung der Reißkraft von fortlaufend bewegten Fäden bzw. Gespinsten und Zwirnen *In Vorbereitung*

Nachbehandlung von Garnen und Zwirnen

HEFT 20
Technisch-Wissenschaftliches Büro für die Bastfaserindustrie, Bielefeld
Trocknung von Leinengarnen I:
Vorgang und Einwerkung auf die Garnqualität
1953. 56 Seiten, 18 Abb., 5 Tabellen. DM 12,—

HEFT 21
Technisch-Wissenschaftliches Büro für die Bastfaserindustrie, Bielefeld
Trocknung von Leinengarnen II:
Kreuzspultrocknung. Vorgang und Einwirkung auf die Garnqualität
1953. 60 Seiten, 22 Abb., 10 Tabellen. DM 13,—

HEFT 79
Technisch-Wissenschaftliches Büro für die Bastfaserindustrie, Bielefeld
Trocknung von Leinengarnen III:
Spinnspulen- und Spinnkopstrocknung.
Vorgang und Einwirkung auf die Garnqualität
1954. 61 Seiten, 18 Abb., 10 Tabellen. DM 14,—

HEFT 172
Dipl.-Ing. Waldemar Rohs, Dr.-Ing. Günther Satlow und Textil-Ing. Gustav Heller, Technisch-Wissenschaftliches Büro für die Bastfaserindustrie, Bielefeld
Trocknung von Hanfgarnen
Kreuzpultrocknung
1955. 60 Seiten, 7 Abb., 4 Tabellen. DM 10,30

HEFT 185
Dipl.-Ing. Waldemar Rohs und Textil-Ing. Gustav Heller, Bielefeld
Studien an einem neuzeitlichen Kreuzspultrockner für Bastfasergarne mit Wiederbefeuchtungszone
1955. 39 Seiten, 9 Abb., 3 Tabellen. DM 10,70

HEFT 442
Dipl.-Ing. Waldemar Rohs, Textil-Ing. Hugo Griese und Textil-Ing. Walter Lauer, Technisch-Wissenschaftliches Büro für die Bastfaserindustrie, Bielefeld
Die Auswirkungen der Trocknungsart naßgesponnener Leinengarne auf deren Verarbeitungswirkungsgrad sowie auf die Festigkeits- und Dehnungseigenschaften der Garne und Gewebe
1957. 18 Seiten, 2 Abb., 3 Tabellen. DM 6,50

HEFT 1402
Prof. Dr.-Ing. Walther Wegener und Dr.-Ing. Hans Peuker, Institut für Textiltechnik der Rhein.-Westf. Technischen Hochschule Aachen
Vergleich der Ungleichmäßigkeit von Baumwoll- und Zellwollgarnen, die nach dem Dreizylinder- und nach dem Faserband-Spinnverfahren hergestellt wurden
1965. 82 Seiten, 30 Abb., 3 Tabellen. DM 56,50

HEFT 1546
Prof. Dr.-Ing. Dr.-Ing. E. h. Walther Wegener und Dr.-Ing. Hans Peuker, Institut für Textiltechnik der Rhein.-Westf. Technischen Hochschule Aachen
Vergleich des kontinentalen Kammgarnspinnverfahrens mit dem Bradfordsystem hinsichtlich des Ungleichmäßigkeitsverhaltens der Garne und Gewebe
1966. 74 Seiten, 25 Abb., 7 Tabellen. DM 51,20

Beurteilung fertiger Garne und Zwirne nach Herstellungsverfahren und Eigenschaften

HEFT 196
Dipl.-Ing. Waldemar Rohs und Textil-Ing. Hugo Griese, Bielefeld
Auswirkungen von Garnfehlern bei der Verarbeitung von Leinengarnen
1955. 24 Seiten, 3 Abb., 6 Tabellen. DM 7,80

HEFT 339
Prof. Dr.-Ing. Walther Wegener und Dipl.-Ing. Willi Zahn, Institut für Textiltechnik der Rhein.-Westf. Technischen Hochschule Aachen
Vergleich des normalen mit verschiedenen abgekürzten Baumwollspinnverfahren in bezug auf Gleichmäßigkeit und Sortierungsstreuung der Garne
1956. 43 Seiten, 17 Abb., 17 Tabellen. DM 12,70

HEFT 632
Prof. Dr.-Ing. Walther Wegener, Institut für Textiltechnik der Rhein.-Westf. Technischen Hochschule Aachen
Aufstellung und Vergleich von Variance-within- und Variance-between-Kurven von Garnen, die nach verschiedenen Spinnverfahren hergestellt werden *1958. 76 Seiten, 35 Abb. DM 19,10*

HEFT 699
Dr.-Ing. Erich Wagner, Textilingenieurschule Wuppertal
Studium der Drehungsverhältnisse an Perlon- und Nylongarnen zur Herstellung von Strumpfgewirken
1959. 30 Seiten, 11 Abb. DM 9,20

HEFT 1636
Prof. Dr.-Ing. Dr.-Ing. E. h. Walther Wegener und Dr.-Ing. Hans Peuker, Institut für Textiltechnik der Rhein.-Westf. Technischen Hochschule Aachen
Vergleichende Untersuchungen an Streichgarnen, die mit der Ringspinnmaschine und mit dem Selfaktor ausgesponnen wurden *In Vorbereitung*

HEFT 1651
Prof. Dr.-Ing. Dr.-Ing. E. h. Walther Wegener und Dipl.-Ing. Gerhard Egbers, Institut für Textiltechnik der Rhein.-Westf. Technischen Hochschule Aachen
Der Durchmesser, ein Merkmal der Garnungleichmäßigkeit, und seine Auswirkung auf das Gewebeaussehen. *In Vorbereitung*

Webereivorbereitung (Verfahren und Maschinen)

HEFT 9
Technisch-Wissenschaftliches Büro für die Bastfaserindustrie, Bielefeld
Untersuchungen über die zweckmäßige Wicklungsart von Leinengarnkreuzspulen unter Berücksichtigung der Anwendung hoher Geschwindigkeiten des Garnes
Vorversuche für Zetteln und Schären von Leinengarnen auf Hochleistungsmaschinen
1952. 40 Seiten, 8 Abb., 7 Tabellen. Vergriffen

HEFT 19
Technisch-Wissenschaftliches Büro für die Bastfaserindustrie, Bielefeld
Die Auswirkung des Schlichtens von Leinengarnketten auf den Verarbeitungswirkungsgrad sowie die Festigkeit und Dehnungsverhältnisse der Garne und Gewebe
1952. 38 Seiten, 1 Abb., 9 Tabellen. DM 9,—

HEFT 63
Textilforschungsanstalt Krefeld
Neue Methoden zur Untersuchung der Wirkungsweise von Textilhilfsmitteln
Untersuchungen über Schlichtungs- und Entschlichtungsvorgänge
1954. 24 Seiten, 1 Abb., 5 Tabellen. Vergriffen

HEFT 338
Prof. Dr.-Ing. Walther Wegener, Aachen, und Dipl.-Ing. Josef Schneider, Mönchengladbach
Die Bedeutung der Knotenart für die Herabminderung der Fadenbrüche
1956. 40 Seiten, 6 Abb., 17 Tabellen. Vergriffen

HEFT 434
Dipl.-Ing. Waldemar Rohs und Dr. rer. nat. Ingeborg Geurten, Technisch-Wissenschaftliches Büro für die Bastfaserindustrie, Bielefeld
Schlichten für Baumwollgarne
1957. 96 Seiten, 3 Abb., zahlr. Tabellen. DM 23,70

HEFT 654
Obering. Herbert Stein,
Textil-Ing. Herbert v. d. Weyden,
Dipl.-Ing. Waldemar Rohs und
Textil-Ing. Hugo Griese, Technisch-Wissenschaftliches Büro für die Bastfaserindustrie, Bielefeld
Untersuchungen an Spulvorrichtungen in der Leinen- und Halbleinenweberei
1. Teilbericht zum Thema: Meßtechnische Untersuchungen über die Wirkung und Arbeitsweise verschiedenartiger Fadenbremsen für Spulmaschinen, Zettelanlagen u. dgl., abhängig von den Eigenschaften des verarbeiteten Fadenmaterials
1958. 83 Seiten, 29 Abb., 33 Tabellen. DM 23,80

HEFT 885
Dr. rer. nat. Ingeborg Lambrinou, Technisch-Wissenschaftliches Büro für die Bastfaserindustrie, Bielefeld
Einfluß von Fettzusätzen auf das rheologische Verhalten von Schlichteflotten
1960. 57 Seiten, 18 Abb., 3 Tabellen. DM 16,50

HEFT 917
Obering. Herbert Stein und Ing. Gerhard Hoischen, Institut für textile Meßtechnik, Mönchengladbach
Ermittlung der Vorgänge beim Benetzen und Trocknen von Fäden unter besonderer Berücksichtigung der Arbeitsweise von Schlichtmaschinen
1960. 78 Seiten, 75 Abb. DM 24,10

HEFT 1320
Dipl.-Ing. Waldemar Rohs und Text.-Ing. Hugo Griese, Technisch-Wissenschaftliches Büro für die Bastfaserindustrie Bielefeld
Einfluß der Webstuhleinstellung auf den Ausfall, insbesondere die Krumpfung von Halbleinen- und Baumwollgeweben
1963. 27 Seiten, 6 Tabellen. DM 11,70

HEFT 1401
Dipl.-Ing. Adolf Funder und Text.-Ing. Hugo Griese, Forschungsinstitut für Bastfasern e. V., Bielefeld
Zusammenhänge zwischen Garnungleichmäßigkeit und Gewebeausfall bei Leinen
1964. 53 Seiten, 14 Abb., 17 Tabellen. DM 28,—

Weberei (Verfahren und Maschinen)

HEFT 3
Technisch-Wissenschaftliches Büro für die Bastfaserindustrie, Bielefeld
Untersuchungsarbeiten zur Verbesserung des Leinenwebstuhles
1952. 36 Seiten, 7 Abb., 3 Tabellen. DM 12,50

HEFT 22
Technisch-Wissenschaftliches Büro für die Bastfaserindustrie, Bielefeld
Die Reparaturanfälligkeit von Webstühlen
1953. 21 Seiten, 7 Abb., 5 Tabellen. DM 5,80

HEFT 41
Technisch-Wissenschaftliches Büro für die Bastfaserindustrie, Bielefeld
Untersuchungsarbeiten zur Verbesserung des Leinenwebstuhles II: Das Verhalten verschiedener Kettfadenwächtersysteme
1953. 33 Seiten, 4 Abb., 5 Tabellen. DM 7,80

HEFT 80
Technisch-Wissenschaftliches Büro für die Bastfaserindustrie, Bielefeld
Die Verarbeitung von Leinengarnen auf Webstühlen mit und ohne Oberbau
1954. 18 Seiten, 2 Abb., 2 Tabellen. DM 6,—

HEFT 92
Technisch-Wissenschaftliches Büro für die Bastfaserindustrie, Bielefeld
Messungen von Vorgängen am Webstuhl
1954. 64 Seiten, 45 Abb. DM 15,50

HEFT 163
Dipl.-Ing. Waldemar Rohs und Textil-Ing. Hugo Griese, Technisch-Wissenschaftliches Büro für die Bastfaserindustrie, Bielefeld
Untersuchungsarbeiten zur Verbesserung des Leinenwebstuhles III
1955. 67 Seiten, 15 Abb., 18 Tabellen. DM 15,80

HEFT 226
Technisch-Wissenschaftliches Büro für die Bastfaserindustrie, Bielefeld
Untersuchungen zur Verbesserung des Leinenwebstuhles IV: Die Wirkung verschiedener Kettbaumbremsen auf die Verwebung von Leinengarnen
1956. 50 Seiten, 9 Abb., 4 Tabellen. DM 13,50

HEFT 292
Dipl.-Ing. Waldemar Rohs und Textil-Ing. Hugo Griese, Technisch-Wissenschaftliches Büro für die Bastfaserindustrie, Bielefeld
Webversuche an Leinenwebstühlen mit verbesserter Schaftbewegung
1956. 22 Seiten, 3 Abb., 2 Tabellen. DM 7,60

HEFT 379
Institut für textile Meßtechnik, Mönchengladbach
Schußfadenspannung beim Weben
1957. 64 Seiten, 5 Abb., 47 Diagramme, 3 Tabellen. DM 18,60

HEFT 494
Dipl.-Ing. Waldemar Rohs und Textil-Ing. Hugo Griese, Technisch-Wissenschaftliches Büro für die Bastfaserindustrie, Bielefeld
Entwicklung und Erprobung eines verbesserten elektrischen Kettfadenwächtergeschirrs für die Leinen- und Halbleinenweberei
1957. 43 Seiten, 9 Abb., 11 Tabellen. DM 13,—

HEFT 621
Dipl.-Ing. Waldemar Rohs und Textil-Ing. Hugo Griese, Technisch-Wissenschaftliches Büro für die Bastfaserindustrie, Bielefeld
Untersuchungen zur Verbesserung des Leinenwebstuhles V
1958. 42 Seiten, 6 Abb., 8 Tabellen. DM 11,30

HEFT 869
Dipl.-Ing. Waldemar Rohs und Textil-Ing. Hugo Griese, Technisch-Wissenschaftliches Büro für die Bastfaserindustrie, Bielefeld
Zusammenwirken von Kett- und Schußfadenspannungen und ihr Einfluß auf den Gewebeausfall
1960. 32 Seiten. 4 Abb., 7 Tabellen. DM 9,90

HEFT 1167
Textil-Ing. Hugo Griese, Technisch-Wissenschaftliches Büro für die Bastfaserindustrie, Bielefeld
Verbesserung der Wirtschaftlichkeit und des Warenausfalls durch zusätzliche Befeuchtung der verarbeiteten Garne in der Leinen- und Halbleinenweberei
1962. 33 Seiten, 12 Abb., 6 Tabellen. DM 17,20

HEFT 1477
Text.-Ing. Hugo Griese, Forschungsinstitut für Bastfasern e. V., Bielefeld
Untersuchung über die Möglichkeit einer Leistungssteigerung in der Leinen- und Halbleinenweberei durch Einsatz neu entwickelter Jacquardmaschinen
1964. 45 Seiten, 19 Abb., 3 Tabellen. DM 29,80

HEFT 1634
Text.-Ing. Hugo Griese, Forschungsinstitut für Bastfasern e. V., Bielefeld
Verbesserungsmöglichkeiten der Leinenschußverarbeitung bei hohen Webgeschwindigkeiten
1965. 31 Seiten, 12 Abb. DM 18,—

Beurteilung von Geweben und anderen textilen Flächengebilden nach Herstellungsverfahren und Eigenschaften

HEFT 29
Technisch-Wissenschaftliches Büro für die Bastfaserindustrie, Bielefeld
Die Ausnützung der Leinengarne in Geweben
1953. 94 Seiten, 14 Abb., 10 Tabellen. DM 17,80

HEFT 674
Dipl.-Ing. Waldemar Rohs, Technisch-Wissenschaftliches Büro für die Bastfaserindustrie, Bielefeld
Die Ausnutzung der Garnfestigkeit in Halbleinengeweben *1958. 45 Seiten, 6 Abb. DM 14,30*

HEFT 749
Dipl.-Ing. Waldemar Rohs und Textil-Ing. Hugo Griese, Technisch-Wissenschaftliches Büro für die Bastfaserindustrie, Bielefeld
Einfluß verschiedener Webfaktoren auf die Krumpfung von Halbleinen- und Baumwollgeweben
1959. 28 Seiten, 2 Abb., 10 Tabellen. DM 8,60

HEFT 1002
Prof. Dr.-Ing. Walther Wegener und Dipl.-Ing. Hans Peuker, Institut für Textiltechnik der Rhein.-Westf. Technischen Hochschule Aachen
Die Beziehungen zwischen der Garngleichmäßigkeit und dem Warenbild textiler Flächengebilde
1961. 128 Seiten, 31 Abb., 3 Tabellen. DM 42,40

HEFT 1240
Dipl.-Ing. Waldemar Rohs und Dipl.-Ing. Rudolf Otto, Technisch-Wissenschaftliches Büro für die Bastfaserindustrie, Bielefeld
Verbesserung der Verarbeitungseigenschaften von Bastfasergarnen durch Beigabe einer Chemiefaserkomponente
1963. 35 Seiten, 12 Abb., 8 Tabellen. DM 18,60

Textilveredlung (Bleichen, Färben, Drucken, Ausrüsten)

HEFT 32
Technisch-Wissenschaftliches Büro für die Bastfaserindustrie, Bielefeld
Der Einfluß der Natriumchlorid-Bleiche auf Qualität und Verwebbarkeit von Leinengarnen und die Eigenschaften der Leinengewebe unter besonderer Berücksichtigung des Einsatzes von Schützen- und Spulenwechselautomaten in der Leinenweberei
1953. 55 Seiten, 2 Abb., 12 Tabellen. DM 11,50

HEFT 69
Wäschereiforschung Krefeld
Bestimmung des Faserabbaues bei Leinen unter besonderer Berücksichtigung der Leinengarnbleiche
1954. 37 Seiten, 15 Abb., 3 Tabellen. DM 9,60

HEFT 161
Prof. Dr. rer. nat. Wilhelm Weltzien und Dr. rer. nat. Gerd Hauschild, Krefeld
Über Silikone und ihre Anwendung in der Textilveredlung
1955. 120 Seiten, 22 Abb., 10 Tabellen. Vergriffen

HEFT 452
Prof. Dr. rer. nat. Wilhelm Weltzien und Dr. phil. nat. Karin Windeck, Textilforschungsanstalt Krefeld
Veränderungen an Fasern bei der Bleiche mit Natriumchlorid und über einige Vergilbungserscheinungen
1957. 51 Seiten, 3 Abb., 13 Tabellen. DM 14,85

HEFT 496
Dipl.-Chem. Peter Vogel, Textilforschungsanstalt Krefeld
Färberische Eigenschaften von zur Herstellung von Verdickungen in der Stoffdruckerei bestimmten Stoffen
1957. 26 Seiten, 3 Abb., 3 Tabellen. DM 9,30

HEFT 498
Prof. Dr.-Ing. Helmut Zahn und Dr. rer. nat. Wolfgang Gerstner, Deutsches Wollforschungsinstitut an der Rhein.-Westf. Technischen Hochschule Aachen
Herstellung säurefester technischer Gewebe
1957. 28 Seiten, 8 Tabellen. DM 9,65

HEFT 501
Dipl.-Ing. Waldemar Rohs und Dr. rer. nat. Ingeborg Geurten, Technisch-Wissenschaftliches Büro für die Bastfaserindustrie, Bielefeld
Untersuchungen in der Leinengarnbleiche
1958. 38 Seiten, 5 Abb., 5 Tabellen. DM 11,50

HEFT 761
Dr. rer. nat. Ingeborg Lambrinou, Technisch-Wissenschaftliches Büro für die Bastfaserindustrie, Bielefeld
Untersuchungen zur rationellen Durchfärbbarkeit von Bastfasergarnen
1959. 53 Seiten, 1 Abb., 16 Tabellen. DM 14,10

HEFT 816
Dr. rer. nat. Helmut Pfannmüller, Textil-Chemikerin Margret Pfannmüller und Prof. Dr.-Ing. Helmut Zahn, Deutsches Wollforschungsinstitut an der Rhein.-Westf. Hochschule Aachen
Die Bewetterung chemisch modifizierter Wollgarne
1959. 31 Seiten, 31 Tabellen. DM 10,10

HEFT 1020
Dr. rer. nat. Ingeborg Lambrinou, Technisch-Wissenschaftliches Büro für die Bastfaserindustrie, Bielefeld
Das Bleichen von Pflanzenfasern mit Chlordioxyd-Erprobung eines neuen Bleichverfahrens in der Leinengarnbleiche
1961. 40 Seiten, 10 Abb., 6 Tabellen. DM 14,20

HEFT 1411
Dr. rer. nat. Eberhard F. Wagner, Wäschereiforschung Krefeld e. V.
Beeinflussung der Anschmutzbarkeit und Waschbarkeit von Textilien aus Naturfasern, Synthesefasern sowie Mischungen durch Spezialausrüstungen (antisoiling-Problem)
1964. 40 Seiten, 7 Abb., 8 Tabellen. DM 19,50

HEFT 1437
Text.-Ing. Josef Ilg,
Wäschereiforschung Krefeld
Herstellung einer künstlichen Testanschmutzung für Gewebe zur Prüfung von Wasch- und Textil-Hilfsmitteln sowie von Wasch- und Textilmaschinen
1965. 31 Seiten, 13 Abb. DM 18,50

HEFT 1438
Dr.-Ing. habil. Horst Reumuth, Dr.-Ing. Friedrich Dehnert, Chem. Adolf Stay und Dipl.-Chem. Harald Hedenetz, Institut für angewandte Mikroskopie, Fotographie und Kinematographie der Fraunhofer Gesellschaft e. V., Karlsruhe, Forschungsstelle Chemischreinigung, Krefeld
Mikroskopische und mikrofotografische Studien über die Schmutzabtragung bei der Chemischreinigung von Textilien
1965. 31 Seiten, 16 Bilder, 3 Tabellen. DM 21,50

HEFT 1635
Dr.-Ing. Friedrich Dehnert, Dipl.-Chem. Harald Hedenetz und Dr. rer. nat. Dietrich Lenz Forschungsstelle Chemischreinigung e. V., Krefeld
Untersuchungen zur Chemischreinigungs-Beständigkeit von Färbungen auf Wolle und Seide
1966. 26 Seiten, 10 Tabellen. DM 12,70

Arbeitsvorgänge und Maschinen in der Bekleidungsindustrie

HEFT 940
Dr.-Ing. Günther Satlow und Dr. rer. nat. Tarsilla Gerthsen, Deutsches Wollforschungsinstitut an der Rhein.-Westf. Technischen Hochschule Aachen
Einfluß des Bügelns mit der Hoffmann-Presse auf einige Eigenschaften der Wolle
1960. 45 Seiten, 21 Tabellen. DM 13,50

Gebrauchsfragen einschließlich Wäscherei und Chemischreinigung

HEFT 15
Wäschereiforschung Krefeld
Trocknen von Wäschestoffen
I. Lufttrocknung: Untersuchungen an Tumblern
1952. 41 Seiten, 14 Abb., 2 Tabellen. DM 9,—

HEFT 70
Wäschereiforschung Krefeld
Trocknen von Wäschestoffen
II. Kontakttrocknung: Untersuchungen über den Trockenvorgang und die Wäschebeanspruchung bei der Kontakttrocknung
1954. 41 Seiten, 18 Abb., 3 Tabellen. Vergriffen

HEFT 84
Dr. med. habil. Dr. phil. Heinz Baron, Düsseldorf
Über Standardisierung von Wundtextilien
1954. 19 Seiten. DM 6,40

HEFT 119
Dr.-Ing. Oswald Viertel, Krefeld
Wäscherei- und energietechnische Untersuchung einer Gemeinschafts-Waschanlage
1955, 50 Seiten, 18 Abb. DM 10,20

HEFT 159
Dr.-Ing. Oswald Viertel und Oskar Oldenroth, Krefeld
Das Bleichen von Weißwäsche mit Wasserstoffsuperoxyd bzw. Natriumhypochlorid beim maschinellen Waschen
1955. 42 Seiten, 23 Abb., 2 Tabellen. DM 11,45

HEFT 171
Wäschereiforschung Krefeld
Untersuchung der Wäscheentwässerung mit Hilfe von Zentrifugen und Pressen
1955. 30 Seiten, 16 Abb., 4 Tabellen. DM 9,70

HEFT 236
Dr.-Ing. Oswald Viertel und Susanne Brückner-Lucas, Krefeld
Ergebnisse einer Hausfrauenbefragung über Wascheinrichtungen und Waschmethoden in städtischen Haushalten
1956. 23 Seiten, 4 Abb. DM 7,60

HEFT 393
Dr.-Ing. Oswald Viertel und Susanne Brückner-Lucas, Krefeld
Arbeitszeitstudien an Haushaltswaschmaschinen
1957. 61 Seiten, 8 Abb., 13 Tabellen. DM 17,30

HEFT 578
Dipl.-Ing. Herbert Schmidt, Wäschereiforschung e. V., Krefeld
Auswirkung der Strömungsverhältnisse in Trommelwaschmaschinen unter besonderer Berücksichtigung des Durchlaufspülens
1958. 20 Seiten, 8 Abb. DM 8,45

HEFT 722
Dr.-Ing. Oswald Viertel und Eva Malz, Wäschereiforschung Krefeld
Mechanische Wäschebeanspruchung und Waschwirkung in Rührwerkmaschinen
1959. 59 Seiten, 25 Abb., 23 Tabellen. DM 16,50

HEFT 826
Dr.-Ing. Oswald Viertel und Eva Schmahl, Wäschereiforschung Krefeld
Arbeitszeitstudien an Haushaltbottichwaschmaschinen gleicher Art und Größe mit verschiedener Ausstattung
1960. 37 Seiten, 10 Abb., 4 Tabellen. DM 12,20

HEFT 850
Dr.-Ing. Oswald Viertel, Wäschereiforschung Krefeld
Maßveränderung und Faserbeanspruchung von Wäschestoffen bei verschiedenen Trocknungsverfahren
1960. 34 Seiten, 9 Abb., 12 Tabellen. DM 10,70

HEFT 865
Textil-Ing. Josef Ilg, Wäschereiforschung Krefeld
Ermittlung des Gebrauchswertes von Handtüchern verschiedener Qualität
1960. 45 Seiten, 6 Abb., 22 Tabellen. DM 13,20

HEFT 892
Dipl.-Ing. Herbert Schmidt, Wäschereiforschung Krefeld
Untersuchung über die Wäschebewegung in Trommelwaschmaschinen unter besonderer Berücksichtigung der Reinigungswirkung und des Faserabriebs
1960. 27 Seiten, 9 Abb. DM 9,—

HEFT 960
Edith Schirmer und Dipl.-Ing. Herbert Schmidt, Wäschereiforschung Krefeld
Prüfung von Heimtrocknern (Trommeltrockner) auf Wirkungsgrad und Gewebeangriff
1961. 42 Seiten, 15 Abb. DM 13,50

HEFT 1120
Dr.-Ing. Oswald Viertel und Dipl.-Ing. Eberhard Wagner, Wäschereiforschung Krefeld
Ursachen der Fleckbildung beim Waschen mit optische Aufheller enthaltenden Waschmitteln und Möglichkeiten zur Beseitigung dieser Schwierigkeiten.
1962. 38 Seiten, 19 Abb., 1 Tabelle. DM 17,80

HEFT 1254
Dipl.-Chem. Harald Hedenetz und Dr.-Ing. Friedrich Dehnert, Forschungsstelle Chemiereinigung e. V., Krefeld
Vergrauungsfaktoren in der Chemischreinigung
1963. 69 Seiten, 8 Figurentafeln, 7 Tabellen. DM 32,50

HEFT 1275
Dr. Klaus Ziegler, Deutsches Wollforschungsinstitut an der Rhein.-Westf. Technischen Hochschule Aachen
Der Cysteinsäuregehalt der Wolle, seine Bestimmung und seine Veränderung durch Ausrüstungsprozesse
1963. 40 Seiten, 14 Abb., 7 Tabellen. DM 18,50

HEFT 1283
Prof. Dr.-Ing. Walther Wegener und Dipl.-Ing. Günter Schubert, Institut für Textiltechnik der Rhein.-Westf. Technischen Hochschule Aachen
Einfluß verschiedener relativer Luftfeuchtigkeiten und Temperaturen auf die Laufverhältnisse, auf die Gleichmäßigkeit und auf die dynamometrischen Eigenschaften der gefertigten Garne
1963. 42 Seiten, 12 Abb., 14 Tabellen. DM 23,50

HEFT 1284
Dr. rer. nat. Dipl.-Ing. Eberhard F. Wagner, Wäschereiforschung Krefeld
Verhalten von Komplexfärbungen und -drucken gegenüber phosphathaltigen Waschmitteln sowie Waschechtheit von Pigmentfärbungen und -drucken
1964. 46 Seiten, 4 Abb., 10 Tabellen. DM 23,70

HEFT 1285
Dipl.-Ing. Herbert Schmidt, Wäschereiforschung Krefeld
Theorie und Praxis des diskontinuierlichen und kontinuierlichen Spülens
1964. 27 Seiten, 13 Abb. DM 15,60

HEFT 1286
Dipl.-Ing. Oskar Becker, Institut für textile Meßtechnik Mönchengladbach
Untersuchungen an lederbezogenen Druckrollen für die Streckwerke von Spinnereimaschinen
1964. 57 Seiten, 22 Abb., 7 Tabellen. DM 24,80

HEFT 1287
Dr. rer. nat. Hans Günther Fröhlich, Forschungsinstitut der Hutindustrie e. V., Mönchengladbach
Das Färben von Hutfilzen unterhalb Kochtemperatur unter Zusatz von Färbebeschleuniger
1963. 33 Seiten, 6 Abb., 13 Tabellen. DM 15,80

HEFT 1294
Dr. rer. nat. Carlo Maurer, Deutsches Wollforschungsinstitut an der Rhein.-Westf. Technischen Hochschule Aachen
Beitrag zur Schrumpffrei-Ausrüstung von Wolle
1964. 49 Seiten, 33 Abb., 18 Tabellen. DM 24,—

HEFT 1298
Prof. Dr. rer. nat. Wilhelm Weltzien und Ph. D. Dr. rer. nat. Waman Achwal, Textilforschungsanstalt Krefeld
Die Bestimmung des Wassergehaltes mit Hilfe der Karl-Fischer-Methode in Harnstoff-Formaldehyd-Kunstharzen sowie in unbehandelten und in mit diesen Kunstharzen behandelten Geweben
1963. 35 Seiten, 7 Abb., 13 Tabellen. DM 16,60

HEFT 1318
Dr. rer. nat. Dietrich Lenz, Dipl.-Chem. Harald Hedenetz und Dr.-Ing. Friedrich Dehnert, Forschungsstelle Chemischreinigung e. V., Krefeld
Untersuchungen zur Chemischreinigungs-Beständigkeit von Pigmentfarbstoff-Applikationen
1964. 41 Seiten, 16 Tabellen. DM 19,—

HEFT 1330
Prof. Dr. med. Heinrich Reploh, Hygiene-Institut der Universität Münster
Die Beeinflussung des Keimgehaltes durch Waschen bei niedrigen Temperaturen (20-60°C)
1964. 25 Seiten, 15 Abb. DM 13,60

HEFT 1514
Dr. rer. nat. Max Dominik, Dr. rer. nat. Hans-Günther Otten und Gesine Töpert, Deutsches Wollforschungsinstitut der Rhein.-Westf. Technischen Hochschule Aachen
Wasch- und Trageversuche an filzfest ausgerüsteten wollenen Strickwaren
1965. 58 Seiten, 34 Abb., 31 Tabellen. DM 32,50

HEFT 1708
Dipl.-Ing. Herbert Schmidt, Wäschereiforschung Krefeld
Untersuchungen über das Durchlaufwaschen (Strömungswaschverfahren) in Trommelwaschmaschinen im Vergleich zum Ein- oder Mehrbadwaschverfahren

Textilprüfverfahren, Textilprüfgeräte

HEFT 17
Obering. Herbert Stein, Mönchengladbach
Untersuchung der Verzugsvorgänge in den Streckwerken verschiedener Spinnereimaschinen.
1. Bericht: Vergleichende Prüfung mit verschiedenen Dickenmeßgeräten
1952. 28 Seiten, 15 Abb. DM 8,—

HEFT 18
Wäschereiforschung Krefeld
Grundlagen zur Erfassung der chemischen Schädigung beim Waschen
1953. 61 Seiten, 15 Abb., 15 Tabellen. Vergriffen

HEFT 26
Technisch-Wissenschaftliches Büro für die Bastfaserindustrie, Bielefeld
Vergleichende Untersuchungen zweier neuzeitlicher Ungleichmäßigkeitsprüfer für Bänder und Garne hinsichtlich ihrer Eignung für die Bastfaserspinnerei
1953. 57 Seiten, 30 Abb. DM 12,50

HEFT 85
Textilforschungsanstalt Krefeld
Physikalische Untersuchungen an Fasern, Fäden, Garnen und Geweben:
Untersuchungen am Knickscheuergerät nach Weltzien
1954. 38 Seiten, 11 Abb., 8 Tabellen. DM 10,—

HEFT 199
Textilforschungsanstalt Krefeld
Die Messung von Gewebetemperaturen mittels Temperaturstrahlung
1955. 36 Seiten, 12 Abb. DM 10,90

HEFT 302
Prof. Dr.-Ing. Walther Wegener und Dipl.-Ing. Willi Zahn, Aachen
Untersuchungen von gesponnenen Garnen auf ihre Gleichmäßigkeit nach verschiedenen Meßmethoden
1956. 49 Seiten, 34 Abb. DM 15,20

HEFT 307
Priv.-Dozent Dr. rer. nat. habil. Johannes Juilfs, Textilforschungsanstalt Krefeld
Vergleichende Untersuchungen zur elastischen und bleibenden Dehnung von Fasern
1956. 24 Seiten, 11 Abb. DM 8,30

HEFT 308
Priv.-Dozent Dr. rer. nat. habil. Johannes Juilfs, Textilforschungsanstalt Krefeld
Zur Messung der Fadenglätte
1956. 22 Seiten, 10 Abb., 2 Tabellen. DM 8,—

HEFT 358
Prof. Dr. rer. nat. Wilhelm Weltzien, Dipl.-Chem. Paul Ringel und Text.-Ing. Hans Kirchhoff, Textilforschungsanstalt Krefeld
Die Waschechtheit von Färbungen. Vergleichende Untersuchungen auf dem Gebiete der Echtheitsprüfung
1957. 25 Seiten, 12 Farbtafeln. DM 58,—

HEFT 381
Priv.-Dozent Dr. rer. nat. habil. Johannes Juilfs, Textilforschungsanstalt Krefeld
Zur Dichtbestimmung von Fasern. Methoden und Beispiele der praktischen Anwendung
1957. 65 Seiten, 34 Abb., 18 Tabellen. DM 17,—

HEFT 436
Priv.-Dozent Dr. rer. nat. habil. Johannes Juilfs, Textilforschungsanstalt Krefeld
Zur Bestimmung der Bruchlast (Zugfestigkeit) von Fasern, Fäden und Garnen
1959. 26 Seiten, 7 Abb., 5 Tabellen. DM 8,60

HEFT 499
Priv.-Dozent Dr. rer. nat. habil. Johannes Juilfs, Textilforschungsanstalt Krefeld
Die Bestimmung des Wasserrückhaltevermögens (bzw. des Quellwertes) von Fasern
1958. 29 Seiten, 8 Abb., 8 Tabellen. DM 10,35

HEFT 500
Priv.-Dozent Dr. rer. nat. habil. Johannes Juilfs, Textilforschungsanstalt Krefeld
Vergleichende Untersuchungen am Schopper-Scheuerprüfgerät
1958. 60 Seiten, 34 Abb., zahlreiche Tabellen. DM 18,10

HEFT 633
Prof. Dr.-Ing. Walther Wegener und Dipl.-Ing. Egon Haase-Deyerling, Institut für Textiltechnik der Rhein.-Westf. Technischen Hochschule Aachen
Entwicklung und Bau eines vollautomatischen Faserlängenprüfgerätes (Stapelprüfgerät) auf kapazitiver Grundlage, Erprobungen dieses Gerätes und Vergleich mit den bislang üblichen Verfahren auf manueller Basis
1958. 36 Seiten, 15 Abb., 5 Tabellen. DM 10,10

HEFT 700
Obering. Herbert Stein, Institut für textile Meßtechnik, Mönchengladbach
Zugprüfungen an Textilien mit einer weglosen, elektronischen Kraftmeßeinrichtung
1958. 103 Seiten, 62 Abb., 3 Tabellen. DM 32,—

HEFT 730
Obering. Herbert Stein und Dipl.-Phys. Siegfried Hobe, Institut für textile Meßtechnik Mönchengladbach
Gerät zum Auffinden von Fadenverdickungen bei hohen Prüfgeschwindigkeiten
1959. 56 Seiten, 28 Abb., 2 Tabellen. DM 14,80

HEFT 817
Dr. rer. nat. Hansjürgen Kessler,
Deutsches Wollforschungsinstitut an der Rhein.-Westf. Technischen Hochschule Aachen
Die Zwei- und Dreifaseranalyse auf Grund der Bestimmung von Cystin und Stickstoff
1959. 28 Seiten. DM 8,70

HEFT 1536
Prof. Dr.-Ing. Walther Wegener und Dipl.-Ing. Bernhard Schuler, Institut für Textiltechnik der Rhein.-Westf. Technischen Hochschule Aachen
Grundlagen für die Reibungsmessung an Garnen und Zwirnen
1965. 56 Seiten, 41 Abb., 6 Tabellen. DM 35,—

HEFT 1748
Prof. Dr.-Ing. Dr.-Ing. E. h. Walther Wegener, Institut für Textiltechnik der Rhein.-Westf. Technischen Hochschule Aachen
Untersuchungen der Spannungsverhältnisse sowie der Eigenschaften von Kräuselgarnen bei verschiedenen Einstellungen der Falschdrahtzwirnmaschinen *In Vorbereitung*

Betriebswirtschaftliche Untersuchungen auf dem Textilgebiet

HEFT 186
Dr. rer. pol. Erich Wedekind, Krefeld
Untersuchung zur Arbeitsgestaltung bei der Fertigstellung von Oberhemden in gewerblichen Wäschereien *1955. 99 Seiten, 28 Abb., 7 Tabellen. DM 12,—*

HEFT 197
Dr. rer. pol. Erich Wedekind, Krefeld
Untersuchungen zur Bestimmung der optimalen Arbeitsplatzgröße bei Mehrstuhlarbeit in der Weberei
1955. 79 Seiten, 34 Abb. DM 18,50

HEFT 631
Dr. rer. pol. Erich Wedekind, Krefeld
Der Einfluß der Automatisierung auf die Struktur der Maschinen- und Arbeiterzeiten am mehrstelligen Arbeitsplatz in der Textilindustrie
1958. 71 Seiten, 32 Abb., 8 Tabellen. Vergriffen

HEFT 715
Dr. rer. pol. Erich Wedekind, Krefeld
Die Auftragsplanung und Arbeitsorganisation in gewerblichen Wäschereien
1959. 116 Seiten, 25 Abb. DM 29,50

HEFT 827
Dr.-Ing. Egon Sattler,
Verband Deutscher Streichgarnspinner, Düsseldorf
Disposition mit Arbeitsvorbereitung und Vertriebsvorbereitung in der einstufigen (Verkaufs-) Streichgarnspinnerei
1960. 60 Seiten, 5 Anlagen. DM 15,90

HEFT 828
Verband der Deutschen Tuch- und Kleiderstoffindustrie e. V., Köln, in Zusammenarbeit mit dem Ausschuß für wirtschaftliche Fertigung e. V., Düsseldorf
Disposition mit Arbeits- und Vertriebsvorbereitung in der Tuch- und Kleiderstoffindustrie
1960. 67 Seiten, 8 Anlagen. DM 17,90

HEFT 874
Dr. rer. pol. Erich Wedekind und
Textil-Ing. Hartmut Kokerbeck, Krefeld
Untersuchungen über rationelle Arbeitsweisen bei Preß- und Bügelvorgängen in Chemisch-Reinigungsbetrieben *1960. 102 Seiten, 17 Abb., zahlr. Tabellen. DM 26,50*

HEFT 1237
Verband Deutscher Streichgarnspinner e. V., Düsseldorf
Betriebsvergleich in den Streichgarnspinnereien, Teil I. bearbeitet vom Forschungsinstitut für Rationalisierung an der Rhein.-Westf. Techn. Hochschule Aachen, Direktor: Prof. Dr.-Ing. J. Mathieu
1963. 52 Seiten, 15 Abb. DM 21,90

Volkswirtschaftliche Untersuchungen auf dem Textilgebiet

HEFT 222
Dr. rer. pol. Lutz Köllner und
Dipl.-Volksw. Manfred Kaiser,
Forschungsstelle für allgemeine und textile Marktwirtschaft an der Universität Münster
Direktor: Prof. Dr. rer. pol. H. Jecht
Die internationale Wettbewerbsfähigkeit der westdeutschen Wollindustrie
1956. 200 Seiten, 5 Abb. DM 39,50

HEFT 323
Prof. Dr. Rudolf Seyffert, Köln
Wege und Kosten der Distribution der Textil-, Schuh- und Lederwaren
1956. 86 Seiten, 38 Tabellen. DM 12,—

HEFT 607
Dr. rer. pol. Hyronimus Schlachter,
Forschungsstelle für allgemeine und textile Marktwirtschaft an der Universität Münster
Direktor: Prof. Dr. rer. pol. H. Jecht
Die Wettbewerbslage der westdeutschen Juteindustrie
1958, 137 Seiten, 35 Tabellen. DM 32,—

HEFT 819
Dipl.-Volksw. Dr. rer. pol. Heinz Hubert Kaup,
Forschungsstelle für allgemeine und textile Marktwirtschaft an der Universität Münster
Einkommen und Textilverbrauch
1960. 92 Seiten, 34 Tabellen. DM 23,20

HEFT 911
Dr. Hannedore Kahmann und
Dipl.-Volksw. Renate Papke,
Forschungsstelle für allgemeine und textile Marktwirtschaft an der Universität Münster
Langfristige Strukturwandlungen und Anpassungsprozesse der britischen Baumwollindustrie unter dem Einfluß der Industrialisierung in Indien und anderen asiatischen Ländern
1960. 120 Seiten, 38 Tabellen. DM 31,20

HEFT 1036
Dipl.-Kfm. Dr. Eduard Terrahe,
Forschungsstelle für allgemeine und textile Marktwirtschaft an der Universität Münster
Möglichkeiten und Grenzen einer Rationalisierung und Automatisierung in der westdeutschen Baumwollrohweberei. Ein Beitrag zur Beurteilung ihrer Wettbewerbsfähigkeit gegenüber USA, Japan und Indien
1961. 231 Seiten, 5 Abb., zahlr. Tabellen. DM 49,—

HEFT 1069
Dipl.-Volksw. Dr. Wolfgang Rothe,
Forschungsstelle für allgemeine und textile Marktwirtschaft an der Universität Münster
Internationaler Preis- und Kaufkraftvergleich für Bekleidung in Ländern des gemeinsamen Marktes und der Freihandelszone
1962. 226 Seiten, zahlr. Tabellen und Anlagen. DM 43,—

HEFT 1115
Dipl.-Volksw. Dr. Wilhelm Kurth,
Forschungsstelle für allgemeine und textile Marktwirtschaft an der Universität Münster
Vermögensbestand und Kapitalbedarf in einigen Zweigen der Textilindustrie
1962. 146 Seiten, 9 Abb., 33 Tabellen. DM 52,—

HEFT 1234
Dipl.-Volkswirt Dr. Klaus Hoffarth,
Forschungsstelle für allgemeine und textile Marktwirtschaft an der Universität Münster
Lagerhaltung und Konjunkturverlauf in der Textilwirtschaft
1963. 127 Seiten, 35 Abb., 18 Tabellen. DM 52,—

HEFT 1372
Dipl.-Volksw. Dr. Klaus Herzog, Forschungsstelle für allgemeine und textile Marktwirtschaft an der Universität Münster
Das Verhältnis von ein- und mehrstufigen Unternehmungen in einzelnen Branchen der Textilindustrie
1964. 167 Seiten, 5 Schaubilder, 4 Übersichten, 34 Tabellen. DM 66,—

HEFT 1404
Dipl.-Volksw. Dr. Ruth Schillinger, Forschungsstelle für allgemeine und textile Marktwirtschaft an der Universität Münster
Leiter: Prof. Dr. W. G. Hoffmann
Die wirtschaftliche Entwicklung des Stoffdrucks – Langfristige Tendenzen und kurzfristge Einflüsse –
1964. 123 Seiten, 25 Abb., 11 Tabellen. DM 56.—

HEFT 1524
Dipl.-Volksw. Dr. Klaus Hoffarth, Forschungsstelle für allgemeine und textile Marktwirtschaft an der Universität Münster
Strukturelle Veränderungen in der US-Textilindustrie als Bestimmungsgründe für die jüngsten amerikanischen Empfehlungen (Kennedy-Plan)
1965. 82 Seiten, 6 Abb., 32 Tabellen. DM 39,80

HEFT 1533
Dr. rer. pol. Erich Wedekind, Krefeld
Die Plankostenrechnung in der Textilindustrie unter Berücksichtigung des mehrstelligen Arbeitsplatzes
1966. 190 Seiten, 41 Abb., 4 Anlagen, 3 Tabellen. DM 86,50

HEFT 1559
Dr. Thomas Mandt, Forschungsstelle für allgemeine und textile Marktwirtschaft an der Universität Münster
Stellung und Struktur der Textilveredlungsindustrie in den Niederlanden
1965. 73 Seiten, 4 Abb., 29 Tabellen. DM 34,—

HEFT 1560
Dipl.-Volksw. Dr. Wilhelm Kurth, Forschungsstelle für allgemeine und textile Marktwirtschaft an der Universität Münster
Wandlungen des Rohstoffverbrauchs in der Oberbekleidungsindustrie
1965. 81 Seiten, 29 Schauilder, 22 Tabellen. DM 42,—

Verzeichnisse der Forschungsberichte aus folgenden Gebieten können beim Verlag angefordert werden:

Acetylen/Schweißtechnik – Arbeitswissenschaft – Bau/Steine/Erden – Bergbau – Biologie – Chemie – Druck/Farbe/Papier/Photographie – Eisenverarbeitende Industrie – Elektrotechnik/Optik – Energiewirtschaft – Fahrzeugbau/Gasmotoren – Fertigung – Funktechnik/Astronomie – Gaswirtschaft – Holzbearbeitung – Hüttenwesen/Werkstoffkunde – Kunststoffe – Luftfahrt/Flugwissenschaften – Luftreinhaltung – Maschinenbau – Mathematik – Medizin/Pharmakologie – NE-Metalle – Physik – Rationalisierung – Schall/Ultraschall – Schiffahrt – Textilforschung – Turbinen – Verkehr – Wirtschaftswissenschaften.

WESTDEUTSCHER VERLAG · KÖLN UND OPLADEN
567 Opladen/Rhld., Ophovener Straße 1–3

GPSR Compliance
The European Union's (EU) General Product Safety Regulation (GPSR) is a set of rules that requires consumer products to be safe and our obligations to ensure this.

If you have any concerns about our products, you can contact us on

ProductSafety@springernature.com

In case Publisher is established outside the EU, the EU authorized representative is:

Springer Nature Customer Service Center GmbH
Europaplatz 3
69115 Heidelberg, Germany

www.ingramcontent.com/pod-product-compliance
Ingram Content Group UK Ltd.
Pitfield, Milton Keynes, MK11 3LW, UK
UKHW061659190726
13853UKWH00008B/2295

* 9 7 8 3 6 6 3 0 6 5 1 3 5 *